職人手作點心

邱弘裕／著

推薦序

在講究健康與天然的年代，興起一股讓食材返璞歸真的潮流，大家對於食品的來源愈來愈講究，利用繁複化學加工手段成就的食物，逐漸不再受到大眾青睞，許多民眾為了吃得更安心，選擇自己動手做，《職人手作點心》也在這樣的背景下誕生，讓更多人能親自烘焙自己的幸福。

作者邱弘裕擁有多年烘焙經驗，雖已高居知名五星飯店點心主廚，仍不斷研習接觸新觀念，針對配方持續鑽研精進及創新，本書除了示範如何以天然的取材，讓大家吃到食物原來的味道外，作者也引領讀者進入食材世界的堂奧，不僅讓讀者能夠吃到天然點心的健康純樸風味，也能在製作過程中認識不同食材的基本特性與知識。

週末假日或閒暇之時，不妨和弘裕一起走入《職人手作點心》探索，讓您的廚房散發天然點心的幸福美味。

第 17、18 屆宜蘭市長

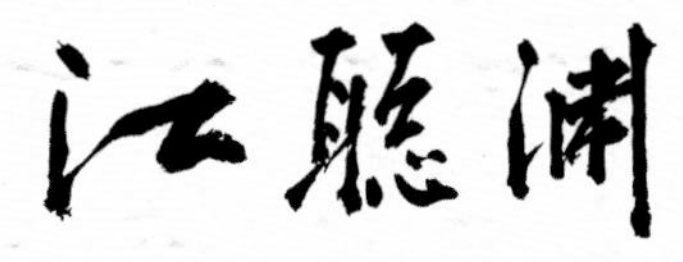

推薦序

邱弘裕師傅是宜蘭糕餅公會的一員，累積了多年的工作經驗及比賽經驗後，開設了「原麥森林」烘焙坊，將自己多年所學習到的，化為天然、無香精的產品，回饋給家鄉的鄉親；另外也教授學生及對烘焙有興趣的社會人士，期許將自己所學傳授給更多人。

弘裕擔任糕餅公會的監事亦不遺餘力，將所學回饋給鄉親及糕餅公會。

宜蘭縣糕餅商業同業公會　理事長

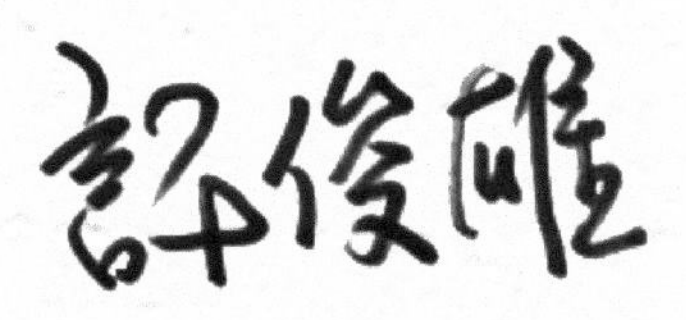

美式鬆餅
Dancing
Wheat

自序

隨著無添加烘焙愈來愈被客人認同，延續著第一本書《原麥森林—吃出麵包原味與健康》健康無添加的觀念，原麥森林第二本的點心書，同樣是不使用色素、香精、乳化劑或是泡打粉等烘焙常用添加物。

而原料的使用上，也是選用發酵奶油、動物鮮奶油、果泥、純粹富含可可脂的巧克力等天然食材，來製作書裡的每一樣點心。

希望藉由書中的宗旨，能讓愈來愈多的同業及同好，一起堅持健康無添加的觀念來做烘焙，進而改善現今充斥著添加物的烘焙環境。

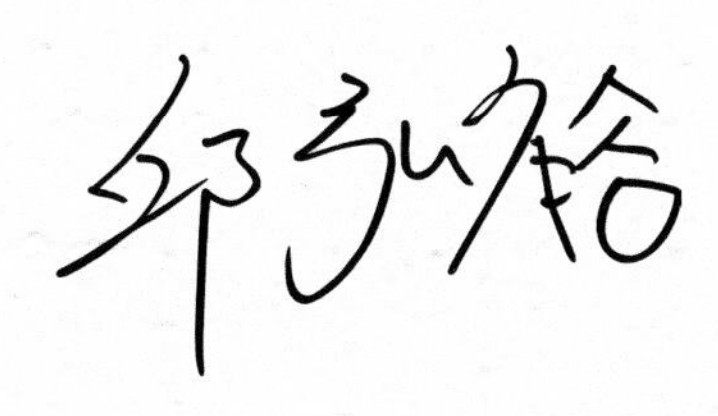

目錄

慕斯系列

蛋糕系列

點心系列

巧克力系列

乳酪系列

派塔系列

餅乾系列

結晶
流動
杜歐
維也納栗子蛋糕
巴布亞
香橙白蘭地

結晶

這款點心是曾經參加過比賽的一個作品，當時為了這個比賽，白天上了一整天班，晚上下班再繼續練習直到凌晨。
對我而言，它代表的不只是一項產品，而是一個努力過的美好回憶。

材料 & 作法

布朗尼

蛋黃	51g
二砂①	52g
鐵塔發酵奶油	180g
坦尚尼亞 75% 巧克力	70g
安珀爪哇 36% 巧克力	20g
低筋麵粉	80g
蛋白	105g
二砂②	103g
核桃	70g

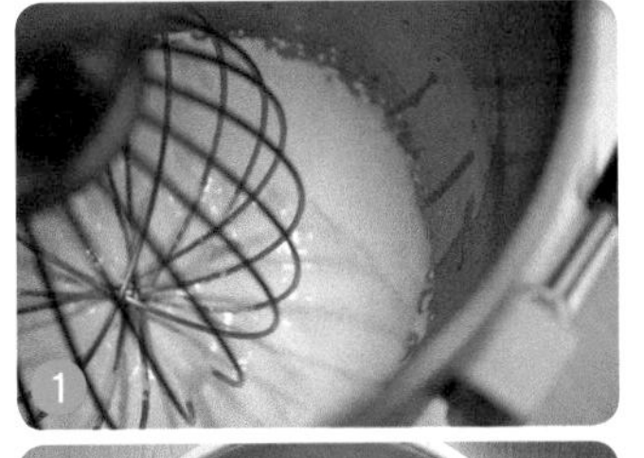

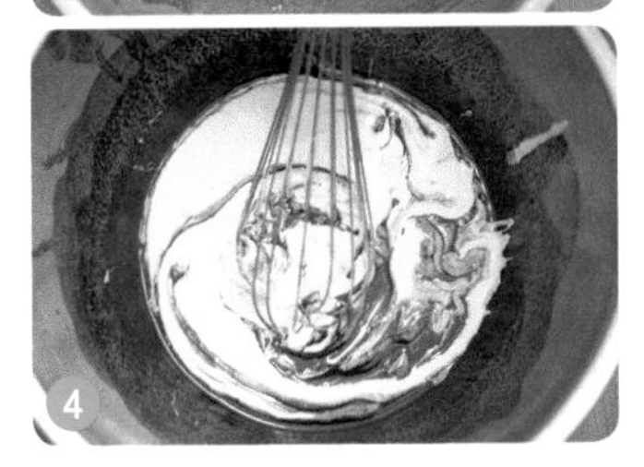

1. 蛋黃、二砂①攪拌打發。（圖 1）
2. 奶油、巧克力隔水加熱融化（圖 2），加入過篩的低筋麵粉用打蛋器拌勻（圖 3）。
3. 將步驟 1 加入步驟 2 拌勻。（圖 4）

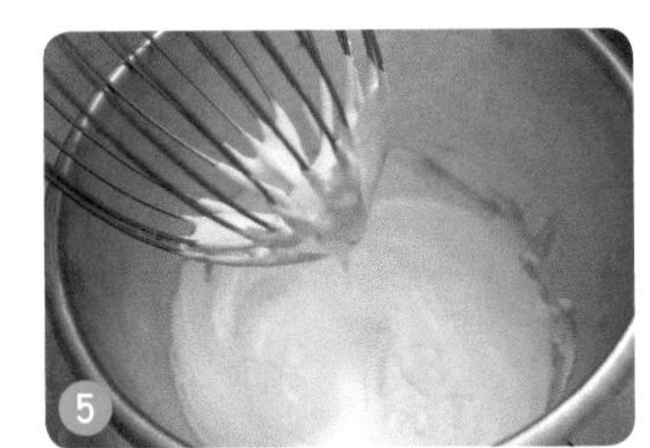

4. 蛋白加入二砂②，用攪拌器中速打至濕性發泡。（圖 5）
5. 步驟 4 與步驟 3 混合拌勻。（圖 6）
6. 入模，撒上核桃。（圖 7）
7. 上火 170℃ / 下火 170℃，烤 35～40 分鐘。（圖 8）

榛果克拉克

榛果	50g
水	35g
砂糖	70g

1. 榛果用上火 170℃ / 下火 170℃烤約 10 分鐘烤熟，冷卻後切碎備用。
2. 糖、水加在一起煮成焦糖，加入步驟 1 拌勻。（圖 1、2）
3. 倒在烤盤布墊上擀平冷卻。（圖 3）
4. 隨意切出大小不等的三角形備用。（圖 4）

材料 & 作法

焦糖慕斯

砂糖	100g	香草莢	1/2 根
總統動物鮮奶油①	300g	蛋黃	90g
總統動物鮮奶油②	75g	吉利丁片	5g

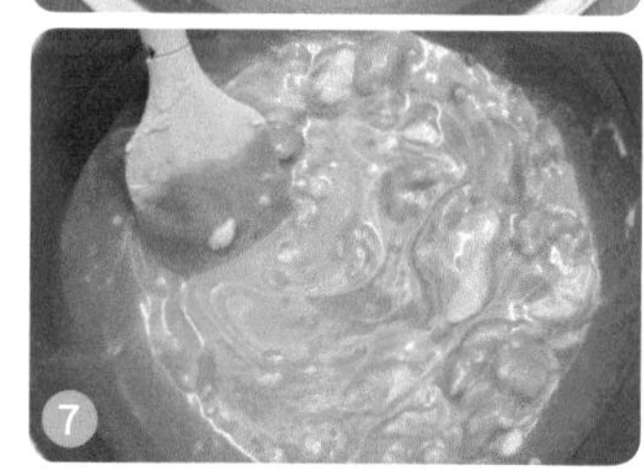

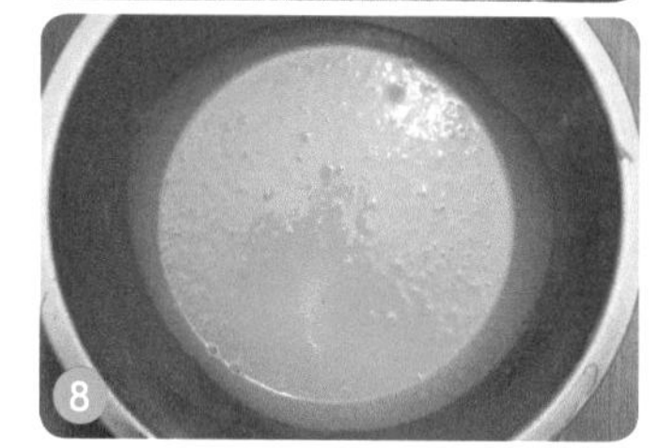

1. 吉利丁片放入冰水泡軟備用。
2. 鮮奶油①加熱備用。
3. 鮮奶油②打發備用。
4. 香草莢與砂糖煮成焦糖漿（圖 1），再將步驟 2 的鮮奶油沖入攪拌均勻，煮沸（圖 2）。
5. 將步驟 4 沖入蛋黃拌勻，煮沸。（圖 3、4）
6. 再將泡軟的吉利丁片放入步驟 5 攪拌均勻。（圖 5）
7. 等溫度下降到 35℃，再加入步驟 3 的打發鮮奶油拌勻。（圖 6～8）

巧克力慕斯

蘭特保久乳	80g
蛋黃	70g
砂糖	50g

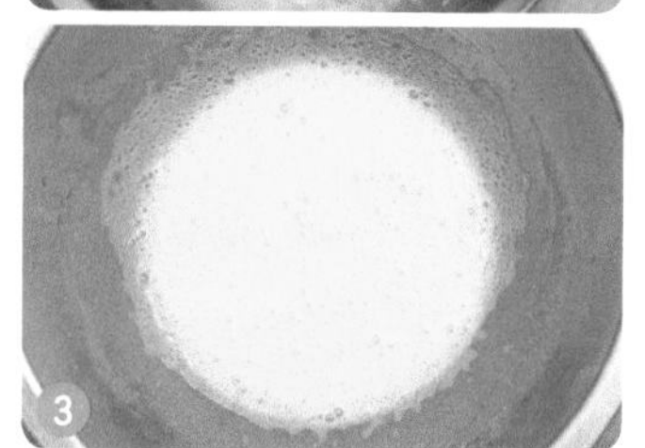

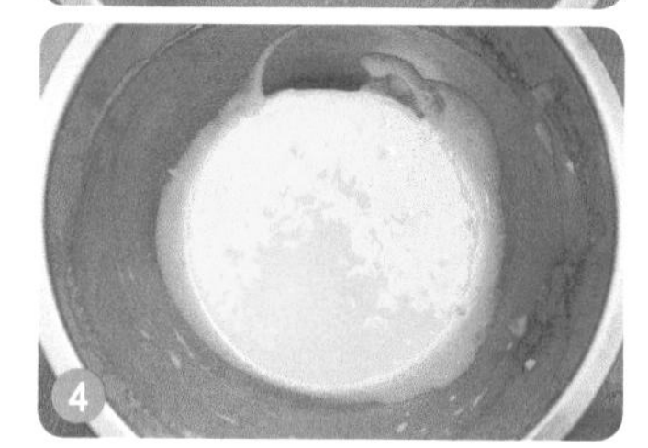

1. 蘭特保久乳加熱至 60℃（圖 1）。
2. 沖入蛋黃、砂糖裡拌勻（圖 2）。
3. 隔水加熱至 82℃，煮成安格列魯餡，過濾備用。（圖 3、4）

巧克力慕斯

坦尚尼亞 75% 巧克力	245g
打發動物鮮奶油	440g
吉利丁片	5g

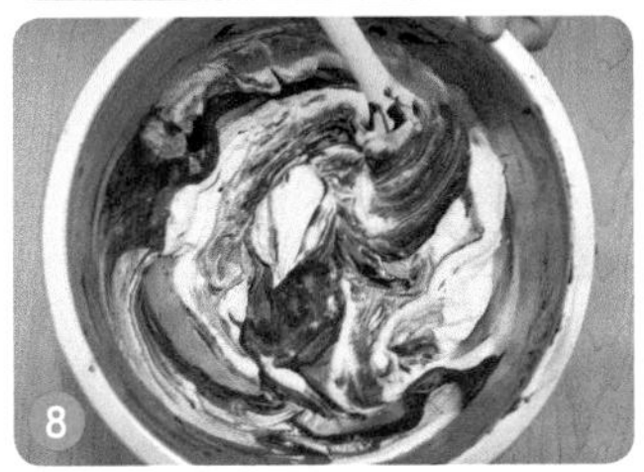

4. 加入坦尚尼亞 75% 巧克力、拌勻。（圖 5）
5. 加入泡軟吉利丁片拌勻。（圖 6）
6. 等溫度下降至 35℃，再加入打發的動物鮮奶油拌勻備用。（圖 7、8）

白巧克力慕斯

蘭特保久乳	70g
轉化糖漿	15g
蛋黃	30g
吉利丁片	2.5g
可可芭瑞 29% 巧克力	70g
打發動物鮮奶油	70g

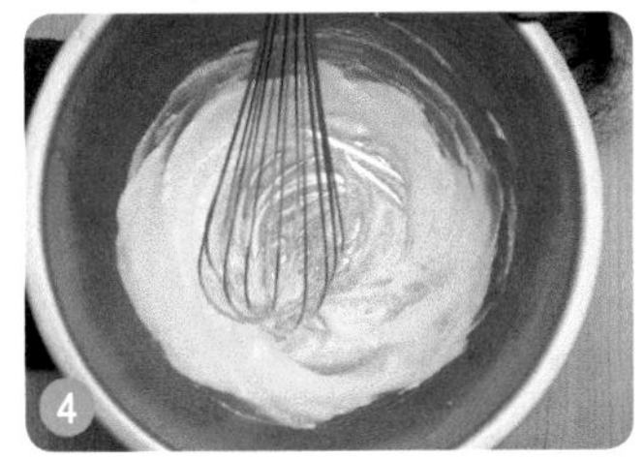

1. 蘭特保久乳和轉化糖漿混合加熱至 60℃，拌勻。（圖 1）
2. 沖入蛋黃裡拌勻，隔水加熱至 82℃，煮成安格列魯餡，過濾。（圖 2）
3. 再加入泡軟吉利丁片拌勻。（圖 3、4）

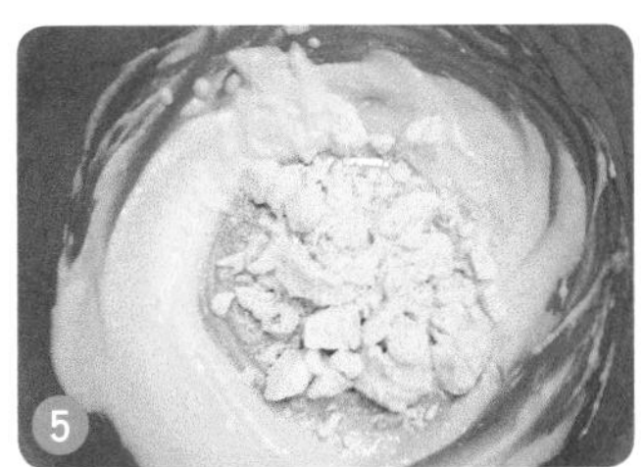
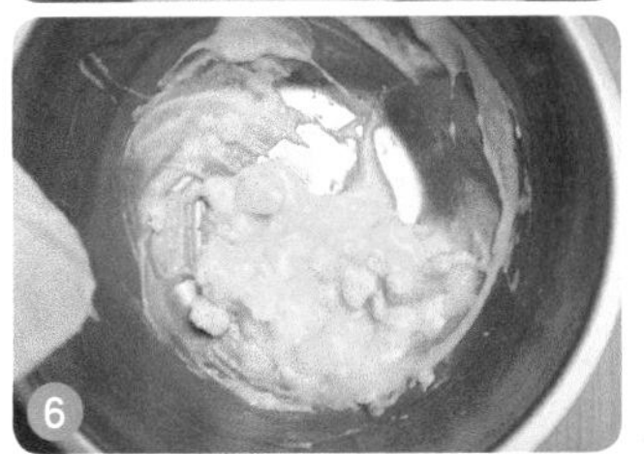

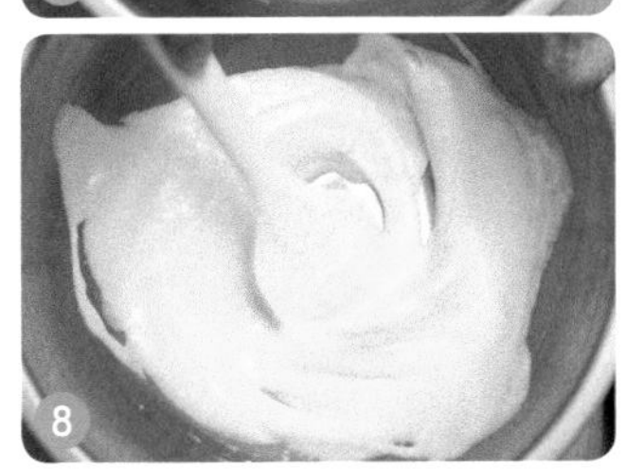

4. 接著加入可可芭瑞 29% 巧克力拌勻。（圖 5、6）
5. 等溫度下降至 35℃，再加入打發的動物鮮奶油拌勻備用。（圖 7、8）

材料 & 作法

焦糖鏡面

總統動物鮮奶油	635g
砂糖	315g
葡萄糖漿	65g
吉利丁片	15g

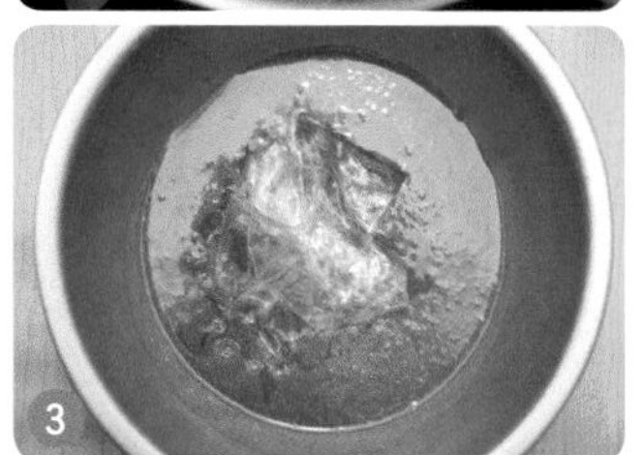

1. 動物鮮奶油加熱備用。
2. 砂糖、葡萄糖漿煮至焦化。（圖 1 ）
3. 將步驟 1 的鮮奶油沖入步驟 2 中拌勻。（圖 2）
4. 等待溫度下降至 60℃，再加入泡軟吉利丁片拌勻、過濾。（圖 3、4）

組合

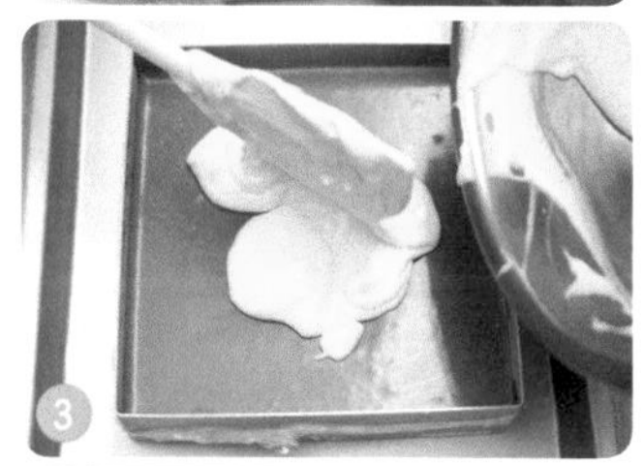

1. 方型慕斯圈底部用保鮮膜包好，然後倒入第一層焦糖慕斯，冷凍 20 分鐘待凝固。（圖 1 ）
2. 鋪上第二層巧克力慕斯，冷凍待凝固。（圖 2）
3. 鋪上第三層白巧克力慕斯。（圖 3）
4. 用方型慕斯圈將布朗尼壓出方形片，輕輕壓在白巧克力慕斯上，冷凍備用。（圖 4、5）
5. 冷凍凝固後脫模，在焦糖慕斯上裝飾鮮奶油擠花。（圖 6）
6. 最後在整個慕斯蛋糕上淋上焦糖鏡面。（圖 7～9）
7. 再裝飾榛果克拉克即可。（圖 10）

流動

這款慕斯是 2012 台灣區代表選拔賽參賽的一個作品，
特色是運用了義式蛋白霜來貫穿整體甜而不膩的口感，
在盛產草莓的冬季，是一款相當值得品嘗的甜點。

材料 & 作法

蛋白霜

砂糖	240g
水	80g
蛋白	180g
玉米粉	6g
糖粉	40g
杏仁粉（熟）	70g

餅乾底

鐵塔發酵奶油	100g
二砂	100g
鹽	2g
杏仁粉	100g
低筋麵粉	80g

蛋白霜

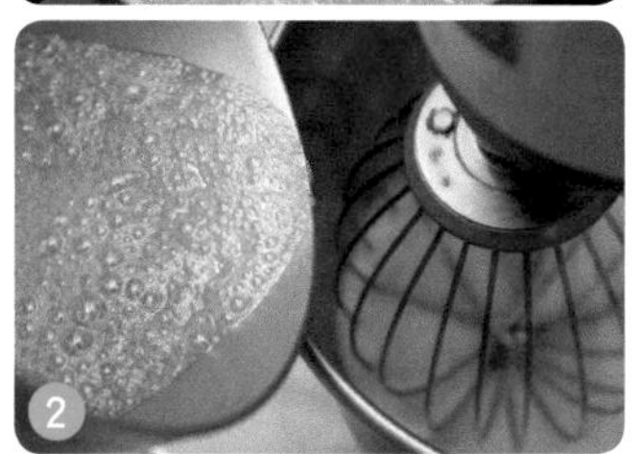

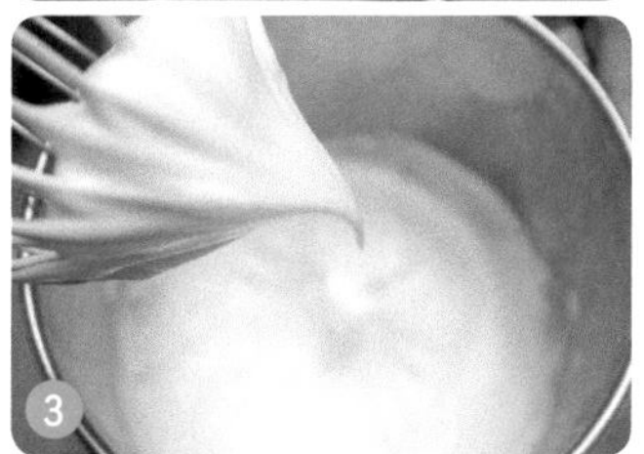

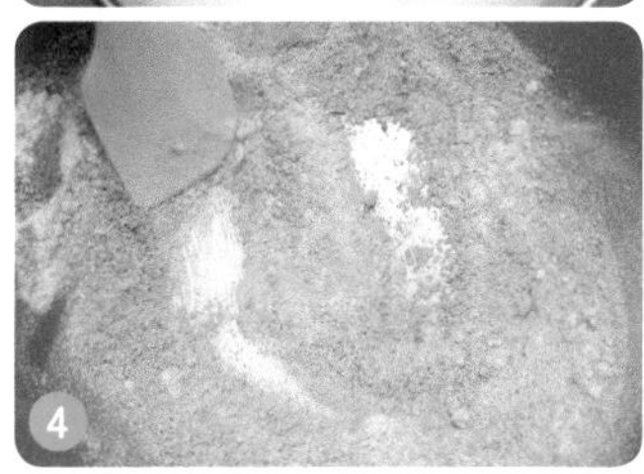

1. 砂糖和水混合，加熱到112℃（圖1），沖入打發的蛋白攪拌至乾性發泡（圖2、3）。
2. 玉米粉、糖粉、熟杏仁粉拌勻。（圖4）

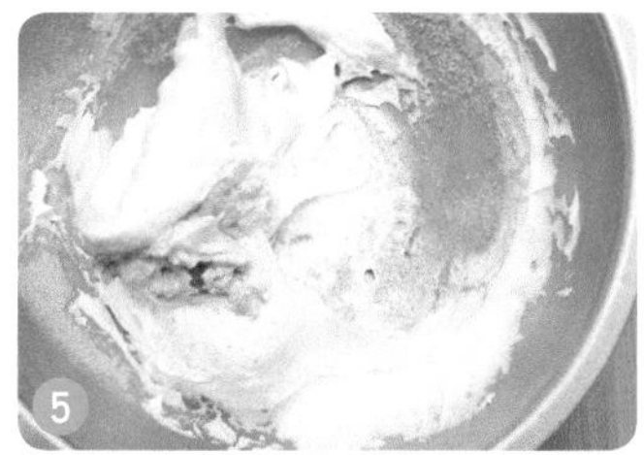

3. 將步驟1與步驟2混合拌勻。（圖5）
4. 裝入擠花袋，擠在烤盤上。（圖6）
5. 上火100℃/下火100℃，烤約1小時備用。（圖7）

餅乾底

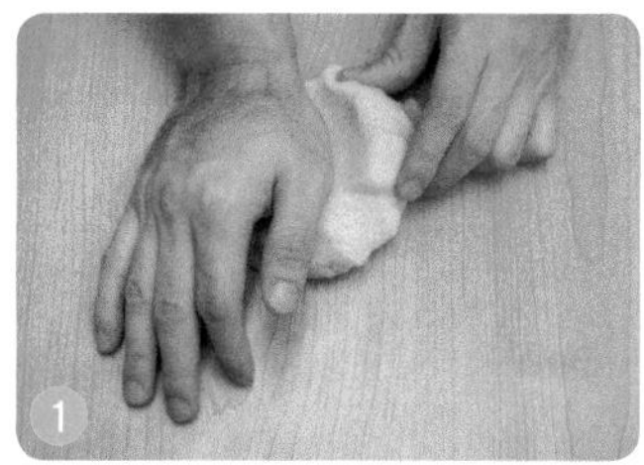

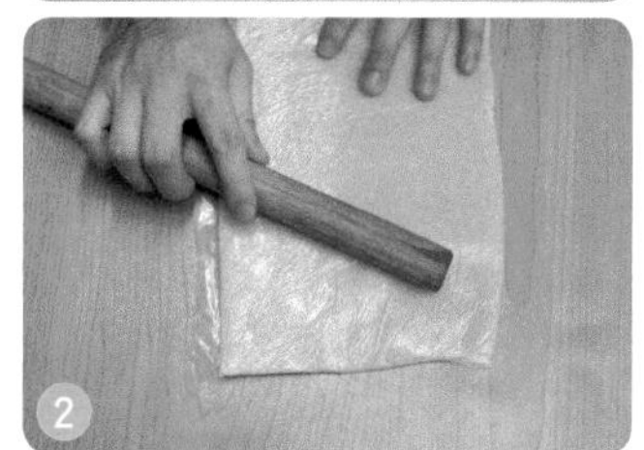

1. 奶油、鹽、二砂拌勻。
2. 加入過篩的粉類拌勻成糰（圖1），擀平後冷凍備用（圖2）。
3. 冰硬後的麵糰用圓形模具壓出圓型片。（圖3）
4. 上火180℃/下火160℃，烤約25分鐘至上色備用。（圖4）

材料 & 作法

開心果克林姆

蛋黃	75g	蘭特保久乳	300g
砂糖	48g	香草莢	1/2 根
低筋麵粉	15g	鐵塔發酵奶油	23g
開心果泥	45g	白蘭地	12g

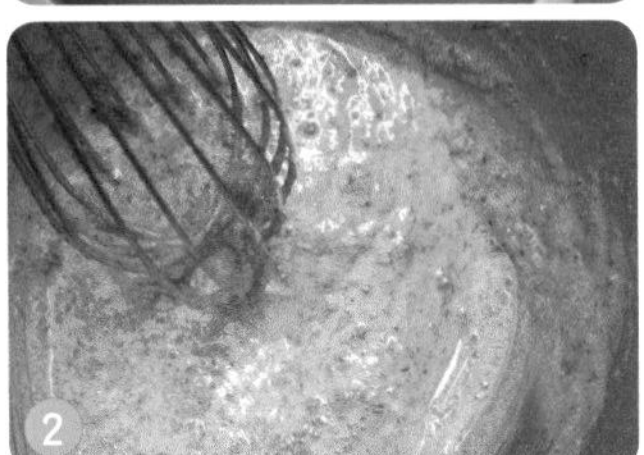

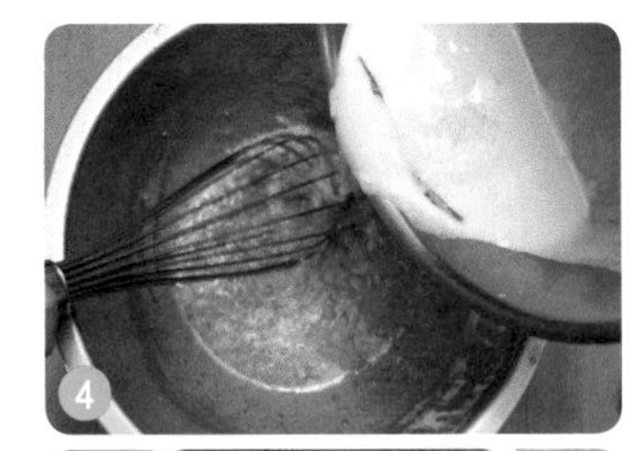

1. 蛋黃、砂糖、低筋麵粉、開心果泥拌勻備用。（圖 1、2）
2. 香草莢放入蘭特保久乳中煮滾（圖 3）。
3. 步驟 2 沖入步驟 1 拌勻。（圖 4）
4. 小火加熱至濃稠後，加入奶油及白蘭地拌勻備用。（圖 5、6）

草莓果凍

草莓汁	220g
覆盆子果泥	40g
砂糖	24g
吉利丁片	2.5g
檸檬汁	2g
檸檬皮屑	0.5g
威士忌	10g

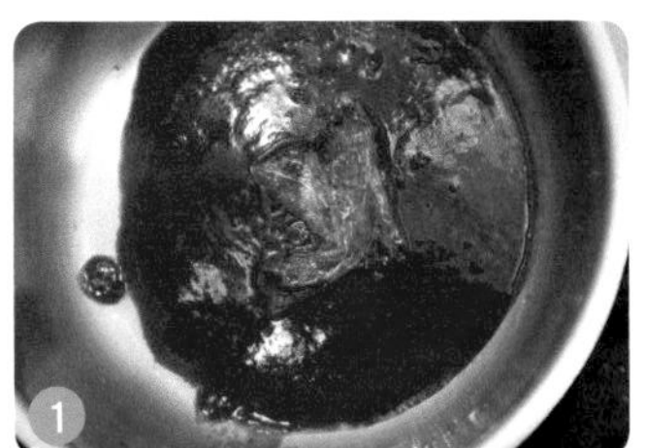

1. 草莓汁、覆盆子果泥和砂糖煮滾至收汁。
2. 加入泡軟的吉利丁片。（圖 1）
3. 加入檸檬汁與檸檬皮屑拌勻。（圖 2）
4. 等溫度下降至 40℃，加入威士忌拌勻備用。（圖 3）

白巧牛軋丁

蜂蜜	132g
蛋白	78g
總統動物鮮奶油	114g
奶油乳酪	250g
可可芭瑞 29% 巧克力	72g
檸檬汁	10g
檸檬皮屑	2g
開心果粒	30g
覆盆子粒	100g

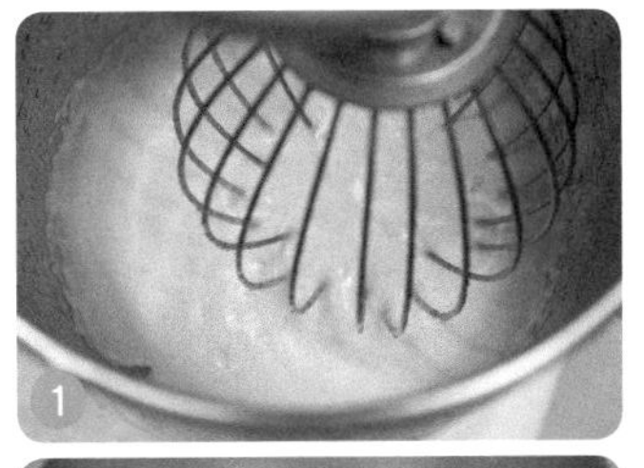

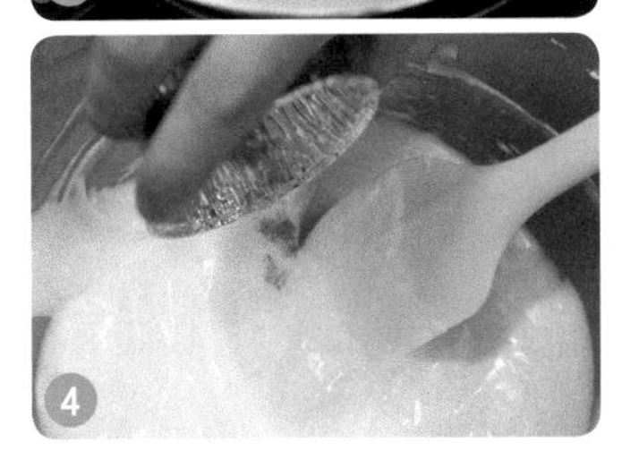

1. 蜂蜜、蛋白隔水加熱打發。（圖 1）
2. 動物鮮奶油、奶油乳酪隔水加熱煮融（圖 2），加入可可芭瑞 29% 巧克力拌勻（圖 3）。
3. 將檸檬汁、檸檬皮屑加入步驟 2 拌勻。（圖 4）

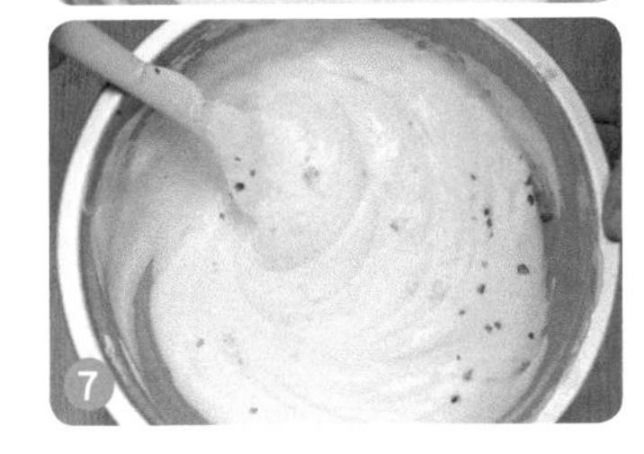

4. 將步驟 3 與步驟 1 拌勻。（圖 5）
5. 加入切碎的開心果、覆盆子粒拌勻備用。（圖6、7）

草莓醬

新鮮草莓①	75g
砂糖	64g
鐵塔發酵奶油	45g
義大利醋	10g
吉利丁片	2.5g
新鮮草莓②	250g

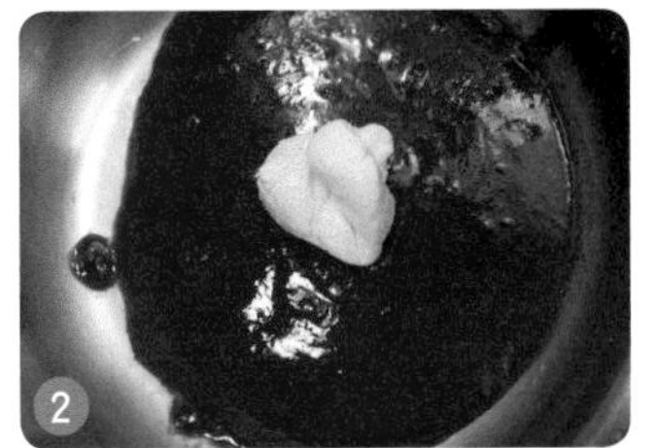

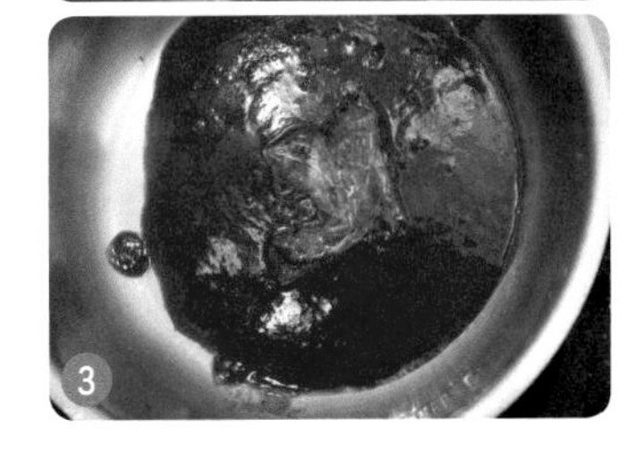

1. 新鮮草莓①切丁與砂糖混合煮滾至軟爛。（圖 1）
2. 加入奶油拌勻再繼續煮滾。（圖 2）
3. 煮好之後加入義大利醋拌勻，再加入泡軟的吉利丁片拌勻。（圖 3）
4. 加入切丁新鮮草莓②拌勻備用。

材料 & 作法

組合

白巧克力醬	適量
裝飾—可可芭瑞可可粉	適量
裝飾—巧克力片	適量
裝飾—覆盆子果粒	適量

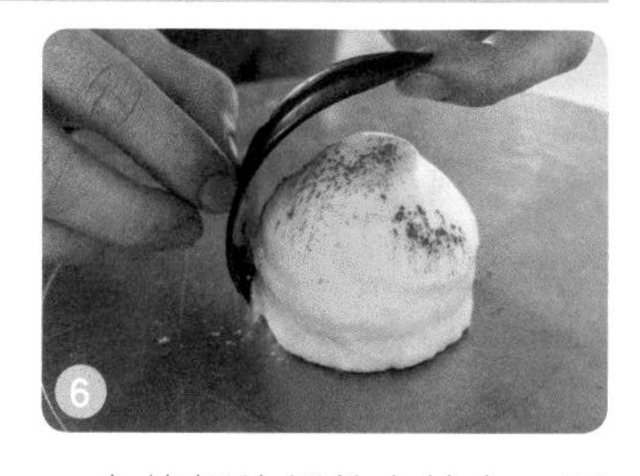

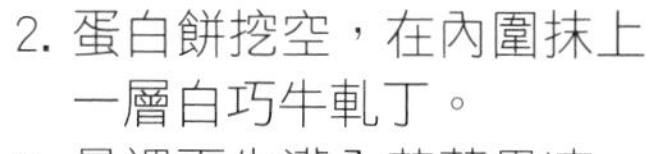

1. 在烤好的餅乾上抹上一層白巧牛軋丁。（圖 1）
2. 蛋白餅挖空，在內圍抹上一層白巧牛軋丁。
3. 最裡面先灌入草莓果凍，再灌入開心果克林姆，再灌入草莓醬。最後再用白巧牛軋丁封底。（圖 2）
4. 將步驟 3 的蛋白餅放在步驟 1 的餅乾上。
5. 淋上一層白巧克力醬，輕輕撒上可可粉，再裝飾巧克力片即可。（圖 3～6）

杜歐

這款點心是十年前筆者在飯店擔任主廚時所開發的一個甜品，
以傳統的法式杏仁蛋糕，搭配酸甜的綜合野莓慕斯、微苦的巧克力奶油。
當時，這款美麗的點心，相當受到下午茶客人的喜愛。

材料 & 作法

杏仁蛋糕

杏仁膏	60g
蛋黃	300g
砂糖①	40g
蛋白	540g
砂糖②	150g
蘭特保久乳	60g
即溶咖啡粉	26g
鐵塔發酵奶油	90g
低筋麵粉	150g

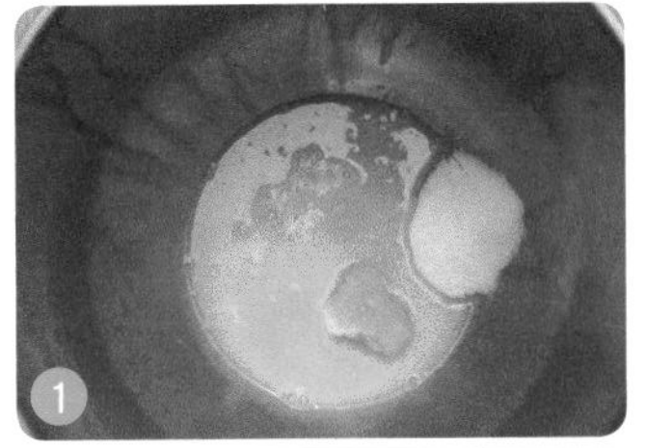

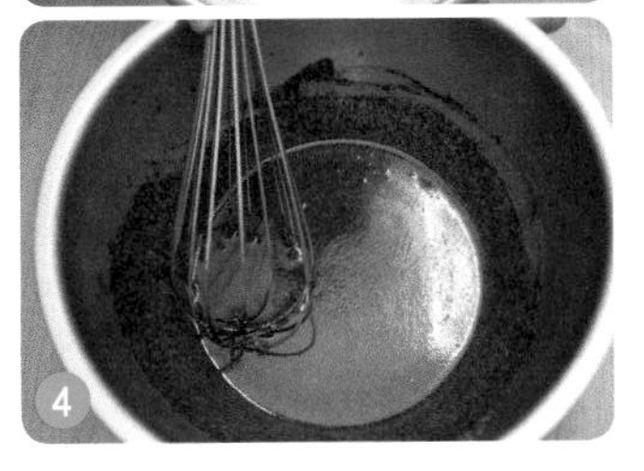

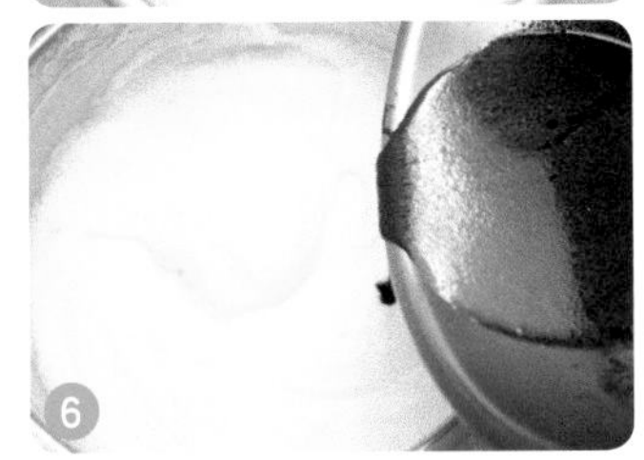

1. 杏仁膏、蛋黃和砂糖①混合攪拌打發備用。（圖 1、2）
2. 蛋白、砂糖②混合攪拌打發備用。（圖 3）
3. 蘭特保久乳、咖啡粉、奶油混合加熱至咖啡粉融化，拌勻備用。（圖 4）
4. 將步驟 1 與步驟 2 混合拌勻。（圖 5）
5. 將步驟 3 加入步驟 4 拌勻。（圖 6）
6. 再加入過篩的低筋麵粉拌勻。（圖 7）
7. 入模，以上火200℃ / 下火110℃，烤約 16 分鐘左右。（圖 8）

義大利蛋白霜

蛋白	50g
砂糖	100g
水	33g

1. 砂糖加水煮到 112℃，沖入蛋白。（圖 1）
2. 打發至乾性發泡即可。（圖 2）

橙酒

水	100g
砂糖	100g
干邑橙酒	50g

・水加糖煮滾後，加入橙酒拌勻放涼即可。

覆盆子鏡面

鏡面果膠	200g
覆盆子果泥	100g

・將所有材料混合拌勻即可。

材料 & 作法

莓果慕斯

蛋黃	60g
砂糖	50g
草莓果泥	240g
覆盆子果泥	100g
黑醋栗果泥	70g
檸檬汁	23g
優格	60g
吉利丁	20g
義大利蛋白霜	150g
打發動物鮮奶油	350g

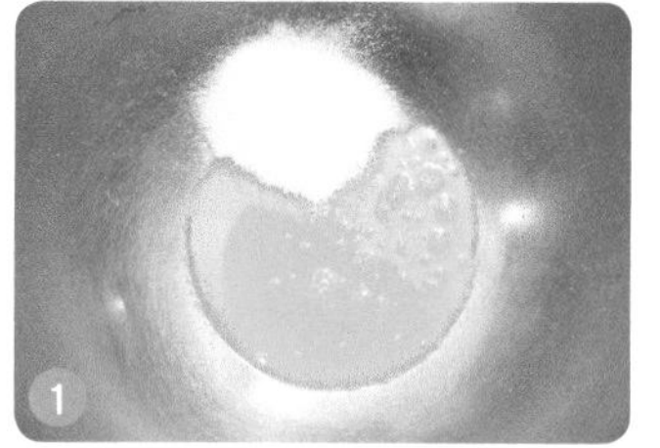

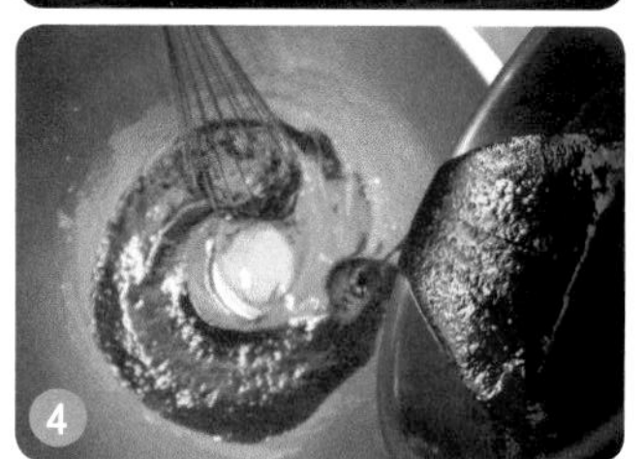

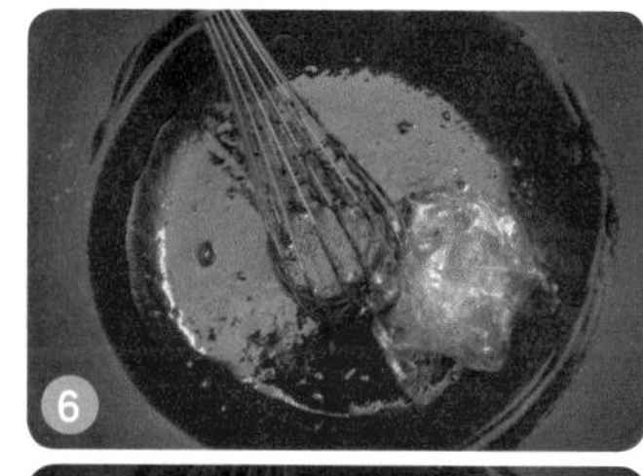

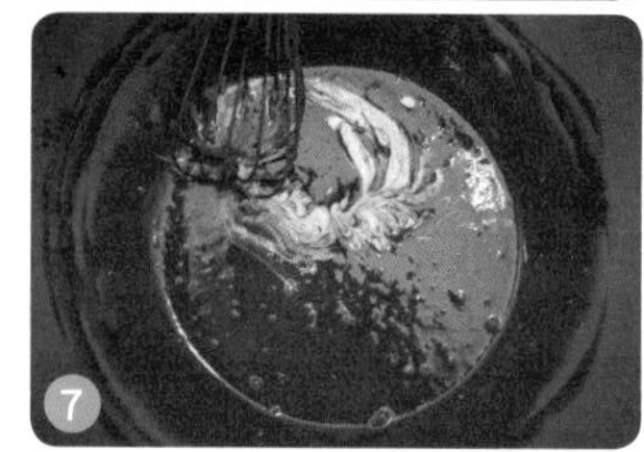

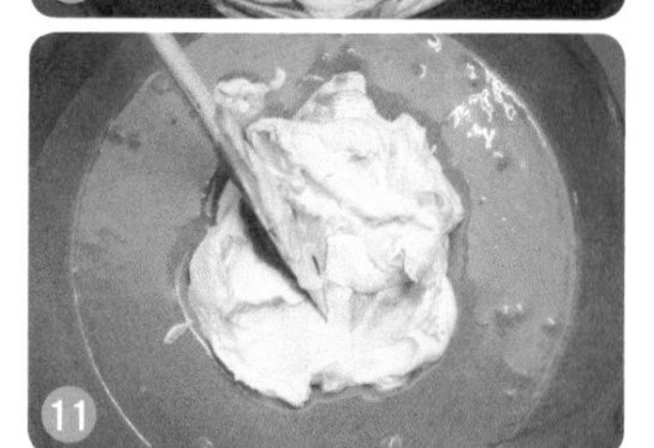

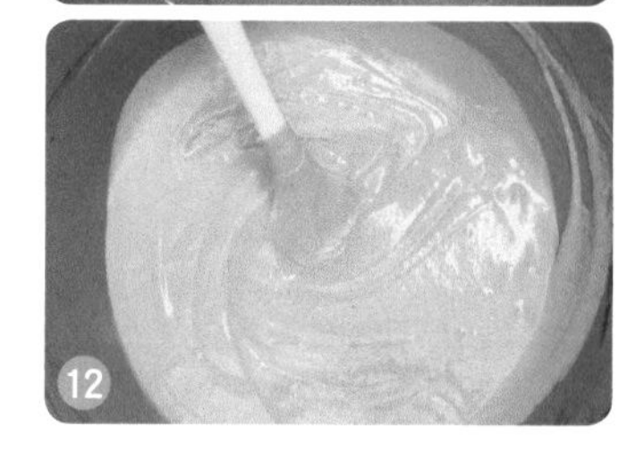

1. 將蛋黃、砂糖打發備用。（圖 1、2）
2. 草莓果泥、覆盆子果泥、黑醋栗果泥加熱至 80℃，沖入步驟 1 煮成安格列魯。（圖 3～5）
3. 加入泡軟的吉利丁拌勻。（圖 6）
4. 加入檸檬汁與優格拌勻。（圖 7、8）
5. 再加入義大利蛋白霜拌勻。（圖 9、10）
6. 打發動物鮮奶油，加入步驟 5 拌勻備用。（圖 11、12）

巧克力奶油

鐵塔發酵奶油	375g
坦尚尼亞 75% 巧克力	500g
蛋白	18g
砂糖	125g
蘭姆酒	25g

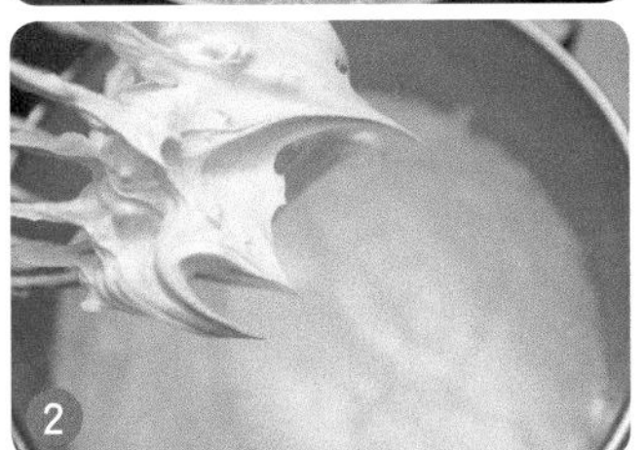

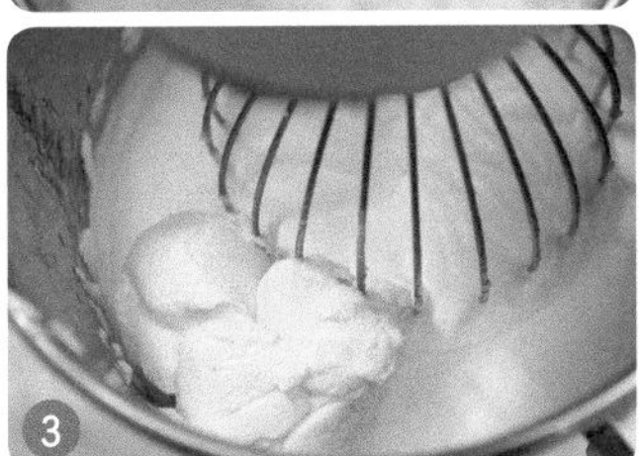

1. 砂糖加少許水拌勻煮至 112℃。（圖 1）
2. 沖入打發的蛋白，再攪拌至乾性發泡。（圖 2）
3. 降溫至 30℃後，加入奶油攪拌均勻。（圖 3）
4. 加入融化的坦尚尼亞 75% 巧克力攪拌均勻。（圖 4）
5. 最後再加入蘭姆酒拌勻備用。

組合

裝飾－綜合莓果	適量	薄荷葉	少許
裝飾－巧克力片	適量		

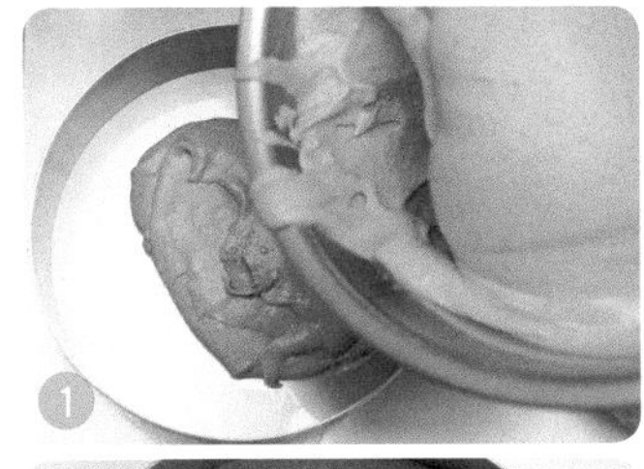

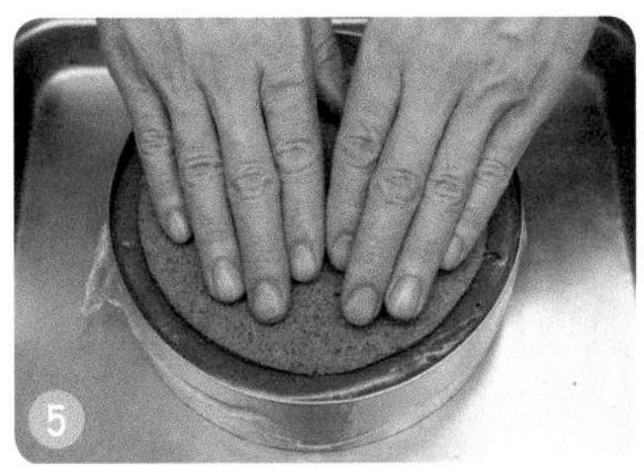

1. 圓型慕斯圈底部用保鮮膜包好，然後鋪上一層莓果慕斯。（圖 1 、2）
2. 杏仁蛋糕底先刷上橙酒，再用八吋慕斯圈壓出蛋糕片，輕輕壓在莓果慕斯上。（圖 3）
3. 在蛋糕上再鋪上巧克力奶油。（圖 4）
4. 巧克力奶油上再鋪一層蛋糕。（圖 5、6）
5. 冷凍約 20 分鐘待凝固後脫模，在莓果慕斯上淋上覆盆子鏡面。（圖 7、8）
6. 最後以適量莓果、巧克力片、薄荷葉裝飾表面即可。

維也納栗子蛋糕

由知名法式點心——栗子蒙布朗改良而成的一款慕斯蛋糕，
風味清爽，口感香醇柔和，十分推薦給不嗜甜的朋友，
納入下午茶點心的口袋名單。

材料 & 作法

蛋糕體

芥花油	100g
可可芭瑞可可粉	33g
開水	146g
砂糖①	36g
低筋麵粉	180g
蛋黃	136g
蛋白	240g
砂糖②	180g
鹽	2g

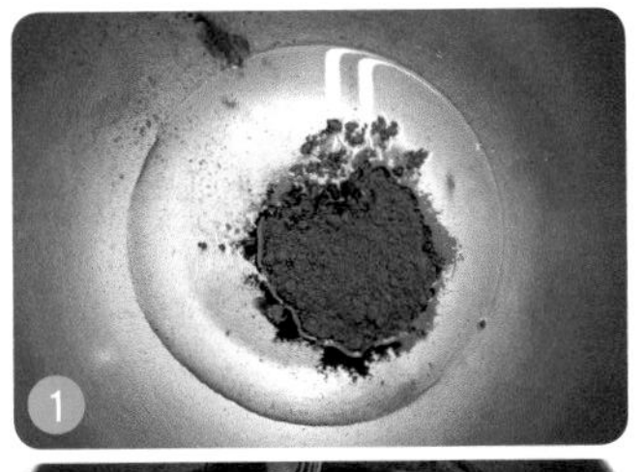

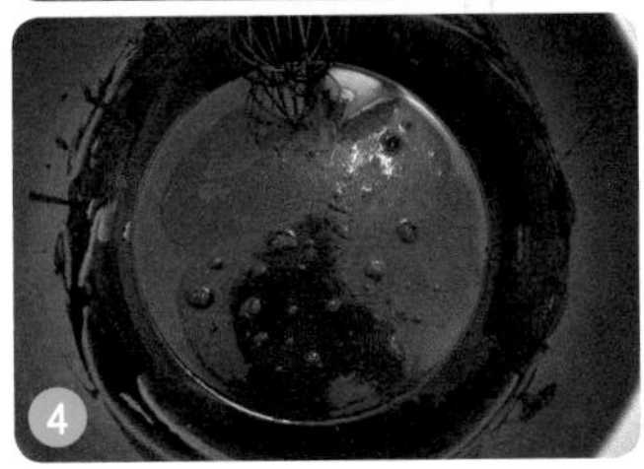

1. 芥花油加可可芭瑞可可粉用打蛋器拌勻。(圖 1、2)
2. 加入開水拌勻。(圖 3、4)

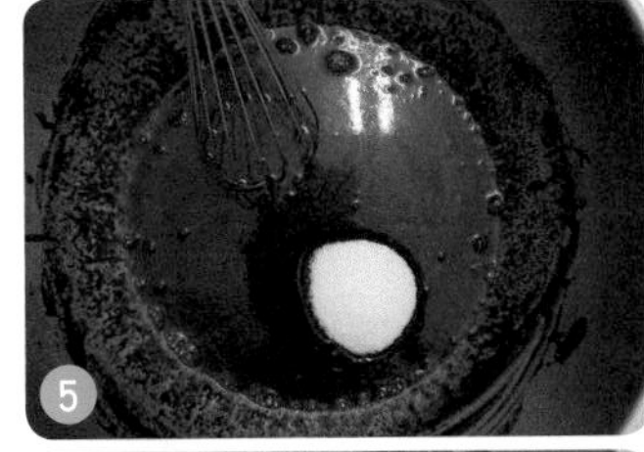

3. 砂糖①加入步驟 2 拌勻。(圖 5)
4. 再加入低筋麵粉拌勻。(圖 6)
5. 最後加入蛋黃拌勻即可。(圖 7、8)

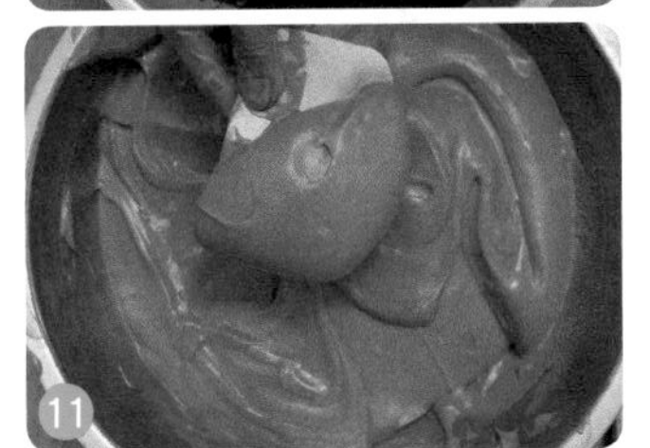

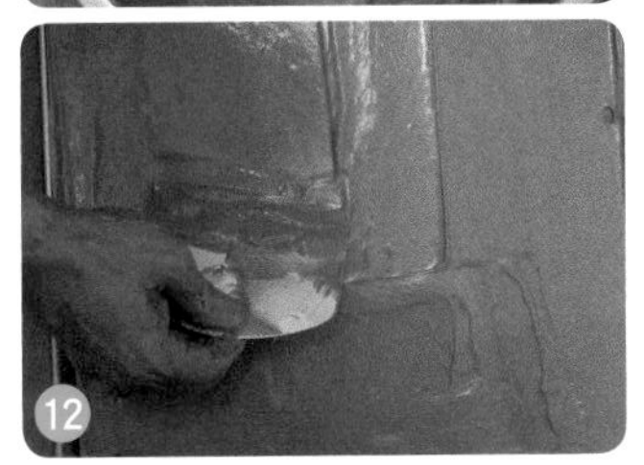

6. 蛋白攪拌至起泡後，加入砂糖②、鹽，中速攪拌至濕性發泡。(圖 9)
7. 步驟 6 加入步驟 5 拌勻。(圖 10、11)
8. 倒入淺盤鋪平，以上火 200℃ / 下火110℃，烤約 16 分鐘左右。(圖 12)

材料 & 作法

巧克力慕斯

蘭特保久乳	140g
蛋黃	60g
砂糖	3g
吉利丁片	6g
坦尚尼亞 75% 巧克力	225g
打發動物鮮奶油	315g

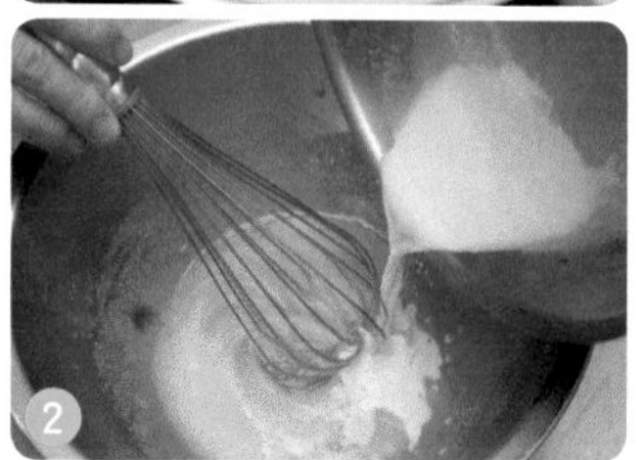

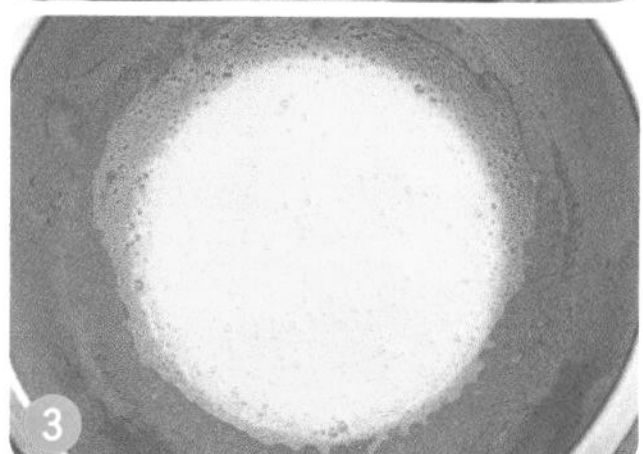

1. 蘭特保久乳加熱至 60℃（圖 1）。
2. 沖入蛋黃、砂糖裡拌勻（圖 2）。
3. 再隔水加熱至 82℃，煮成安格列魯餡，過濾。（圖 3、4）

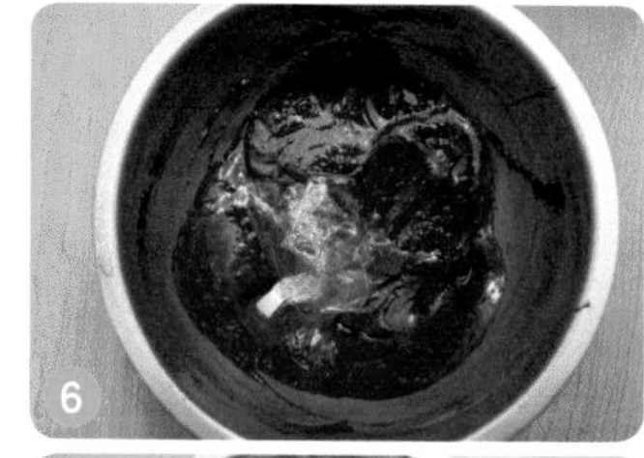

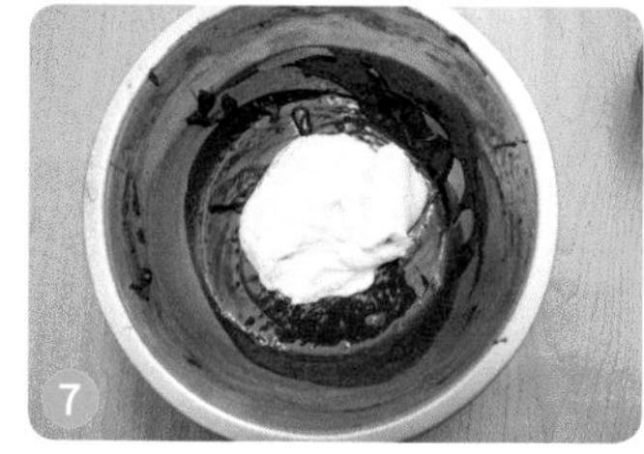

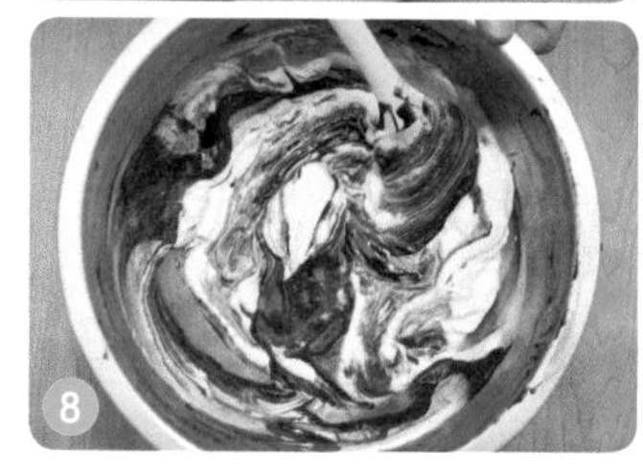

4. 加入坦尚尼亞 75% 巧克力，拌勻。（圖 5）
5. 再加入泡軟吉利丁片拌勻。（圖 6）
6. 等待溫度下降至 35℃，再將打發的動物鮮奶油加入拌勻。（圖 7、8）

栗子慕斯

蘭特保久乳	111g
總統動物鮮奶油	111g
砂糖	13g
栗子泥	177g
吉利丁片	111g
蘭姆酒	12g
打發動物鮮奶油	222g

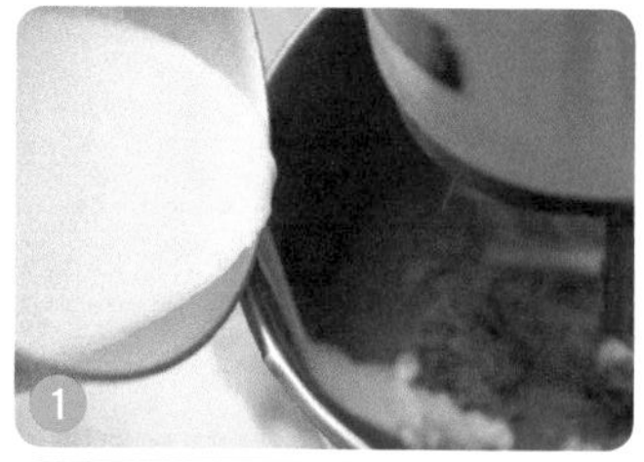

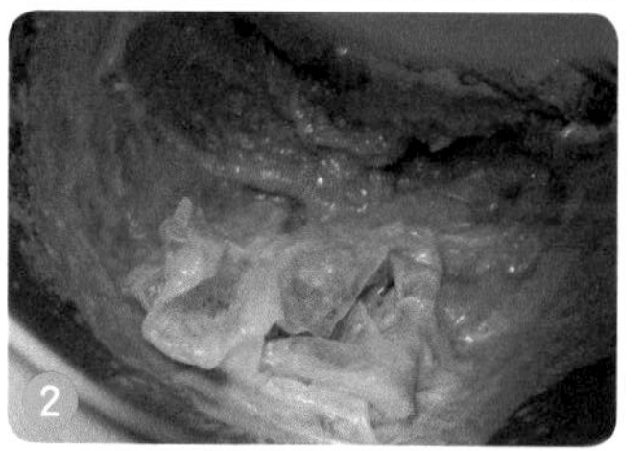

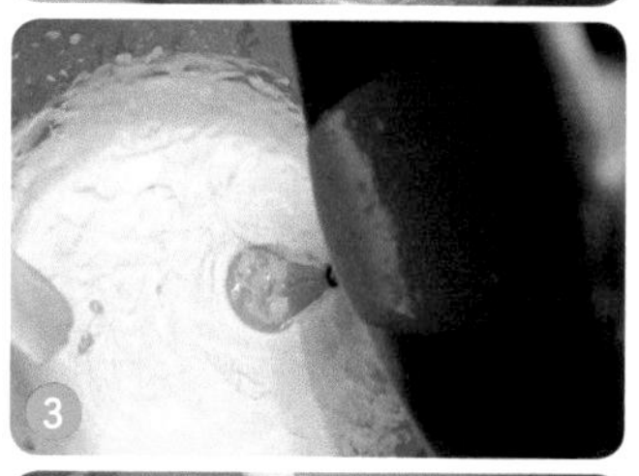

1. 蘭特保久乳、動物鮮奶油加熱後，加入砂糖、栗子泥攪拌均勻。（圖 1）
2. 加入泡軟的吉利丁片、蘭姆酒拌勻。（圖 2）
3. 將步驟 2 加入打發的動物鮮奶油中拌勻即可。（圖 3、4）

栗子泥

栗子泥 283g
聖安諾卡士達 67g
（作法請參考 p.71）
打發動物鮮奶油 50g
蘭姆酒 7g

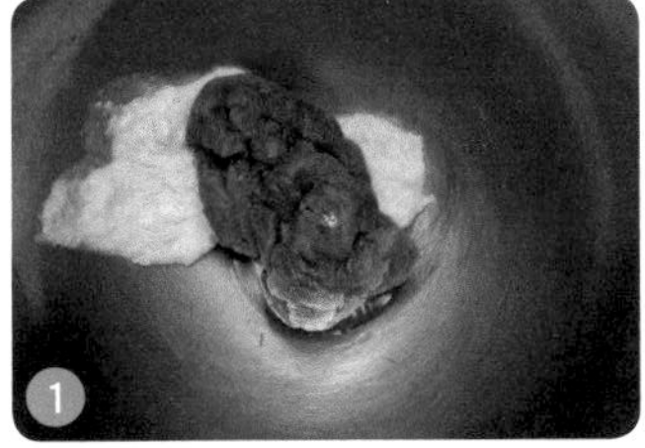

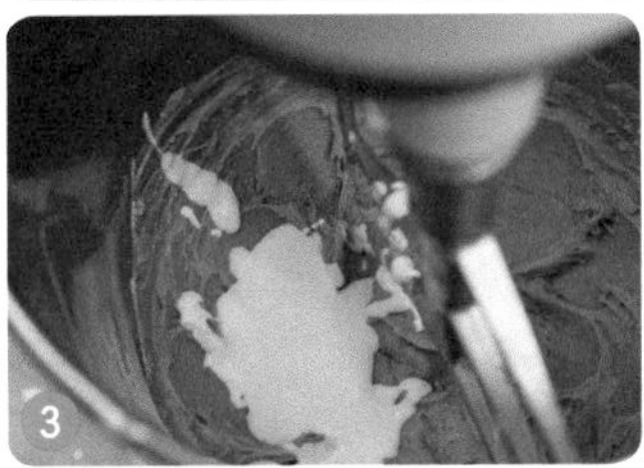
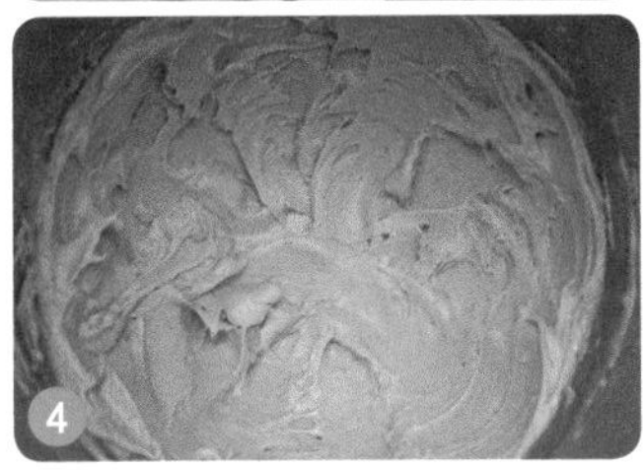

1. 將栗子泥、卡士達攪拌均匀。（圖 1、2）
2. 加入動物鮮奶油攪拌均匀，再加入蘭姆酒拌匀。（圖 3）
3. 過篩後備用。（圖 4）

組合

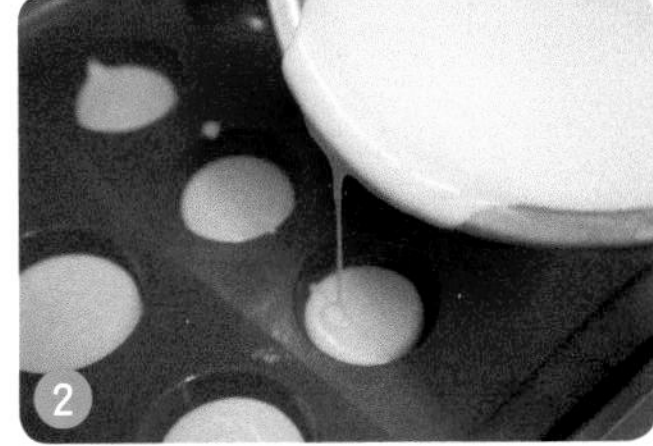

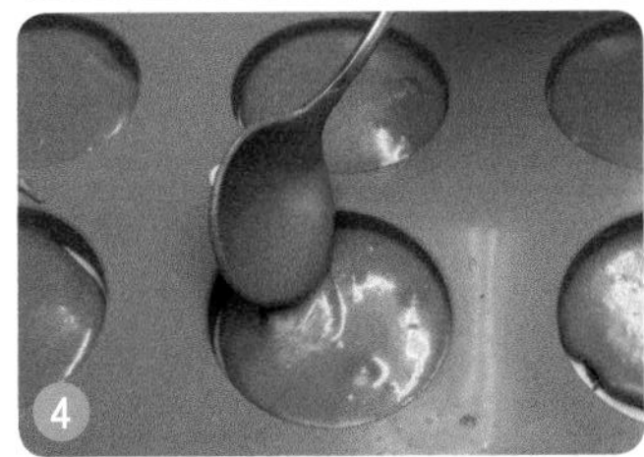
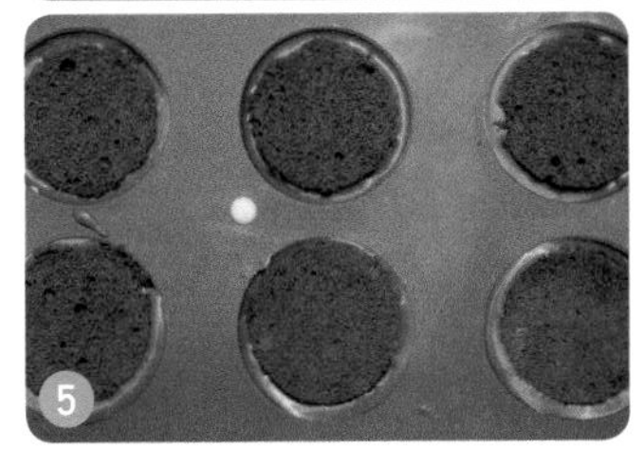

1. 在半圓矽膠膜上先倒入一層栗子慕斯。（圖 1 、2）
2. 第二層輕輕壓入蛋糕體。（圖 3）
3. 第三層再鋪上巧克力慕斯。（圖 4）
4. 第四層再鋪上蛋糕體。（圖 5）
5. 冷凍 20 分鐘待慕斯凝固。

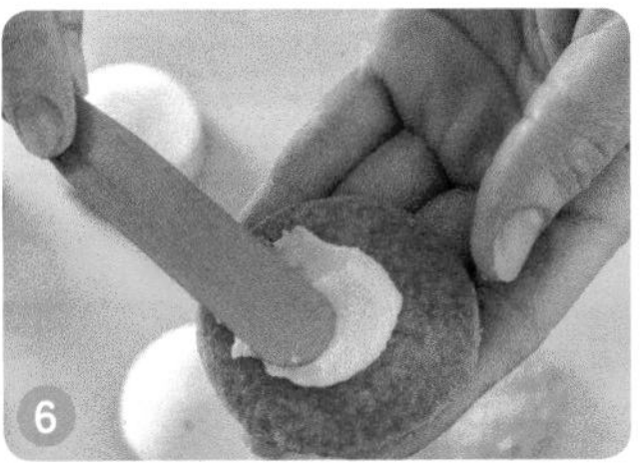
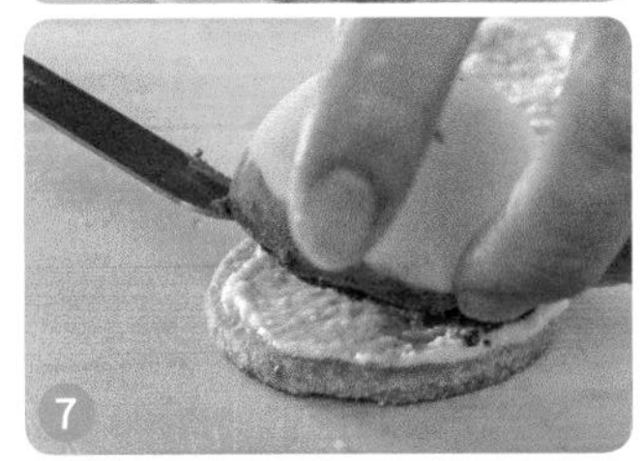
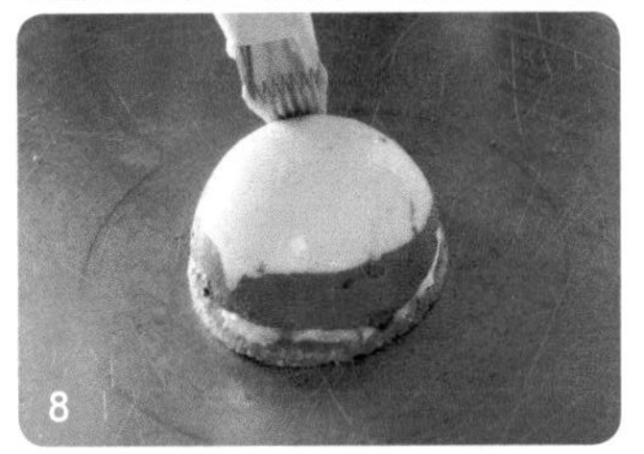

6. 在烤好的餅乾底上（作法請參考 p.19）抹上一層白巧牛軋丁（作法請參考 p.21）。（圖 6）
7. 半球形栗子慕斯脱模後，輕放在餅乾上。（圖 7）
8. 用平口鋸齒花嘴擠上栗子泥即可。（圖 8 ～ 10）

巴布亞

巴布亞同樣是筆者在飯店擔任主廚時期所開發的下午茶甜點，
在高比例可可脂所製成的蛋糕體上，採用杏桃來提味，
可以同時品嘗三種不同風味巧克力所組成的三色慕斯，
是很受歡迎的一款點心。

材料 & 作法

蛋糕體

蛋黃	120g	低筋麵粉	42g
砂糖①	56g	可可芭瑞可可粉	80g
鐵塔發酵奶油	130g	蛋白	210g
坦尚尼亞 75% 巧克力	200g	砂糖②	160g

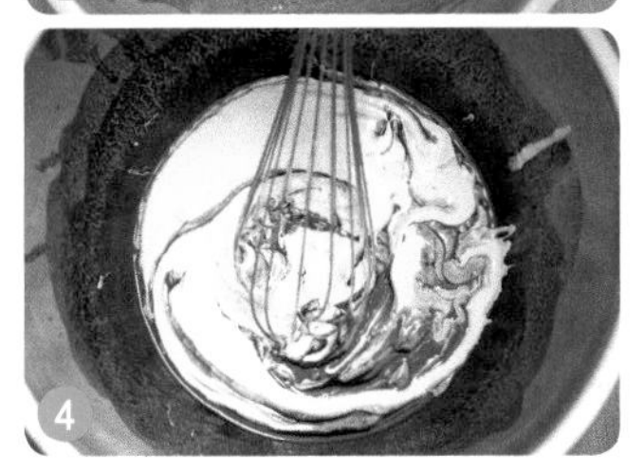

1. 蛋黃、砂糖① 混 合打發。（圖 1）
2. 鐵塔發酵奶油、坦尚尼亞 75% 巧克力隔水加熱融化、拌勻。（圖 2）
3. 過篩的低筋麵粉、可可芭瑞可可粉加入步驟 2，用打蛋器拌勻。（圖 3）
4. 再將步驟 1 加入步驟 3 拌勻。（圖 4）

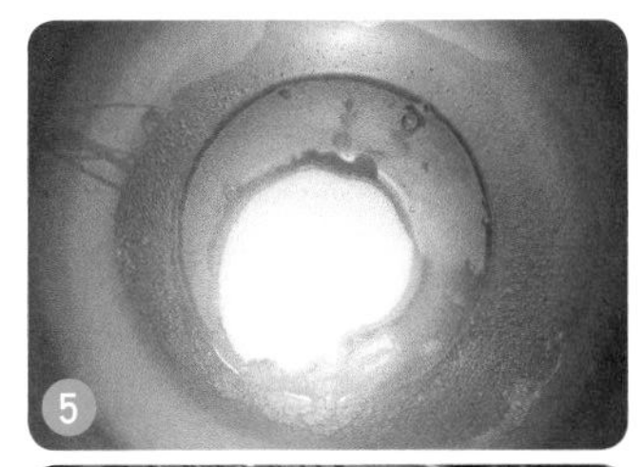

5. 蛋白加入砂糖②，用中速打至濕性發泡。（圖 5、6）
6. 將步驟 5 加入步驟 4 中拌勻。（圖 7）
7. 入模，以上火 170℃ / 下火 170℃，烤 35 分鐘左右。（圖 8）

杏桃果醬

杏桃乾	250g
杏桃醬	125g
水	50g

1. 杏桃乾切碎加水煮軟，撈起瀝乾。
2. 杏桃乾與杏桃醬、水拌勻，煮至稍微收汁備用。（圖 1、2）

可可鏡面

總統動物鮮奶油	210g
砂糖	240g
水	120g
可可粉	105g
吉利丁片	15g
杏桃果膠	150g
鏡面果膠	70g

1. 動物鮮奶油、砂糖、水、可可粉拌勻煮滾後過濾。
2. 吉利丁片泡軟，加入步驟 1 拌勻，再加杏桃果膠、鏡面果膠拌勻即可。

三色巧克力慕斯

蘭特保久乳	140g
蛋黃	66g
砂糖	3g
吉利丁片	5g

坦尚尼亞75%巧克力	275g
安珀爪哇36%巧克力	275g
可可芭瑞29%巧克力	275g
打發動物鮮奶油	315g

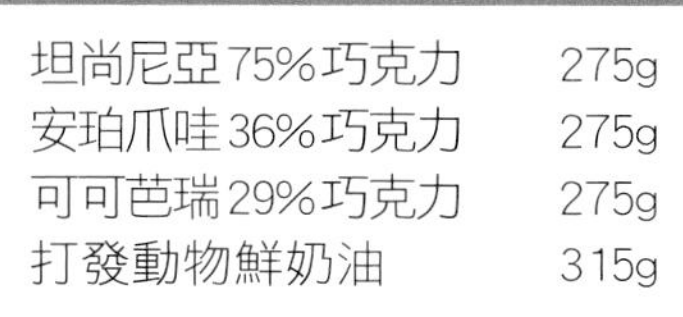

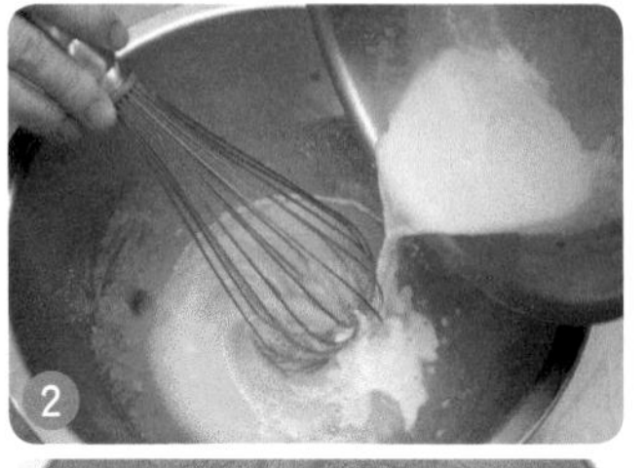

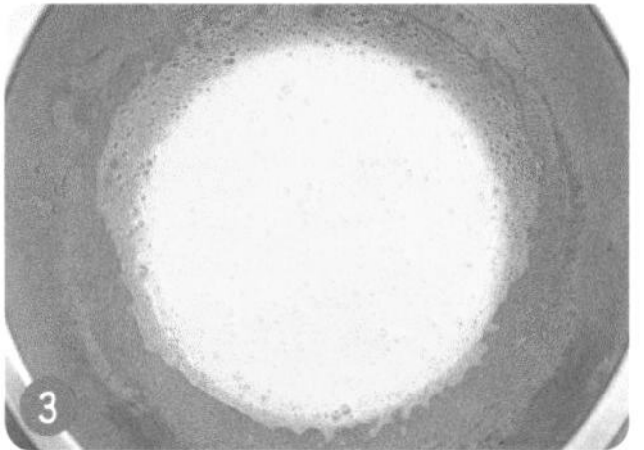

安格列魯

1. 蘭特保久乳加熱沖入打發的蛋黃跟砂糖，煮成安格列魯。（圖 1～3）
2. 加入吉利丁片拌勻，分成 3 份備用。（圖 4、5）

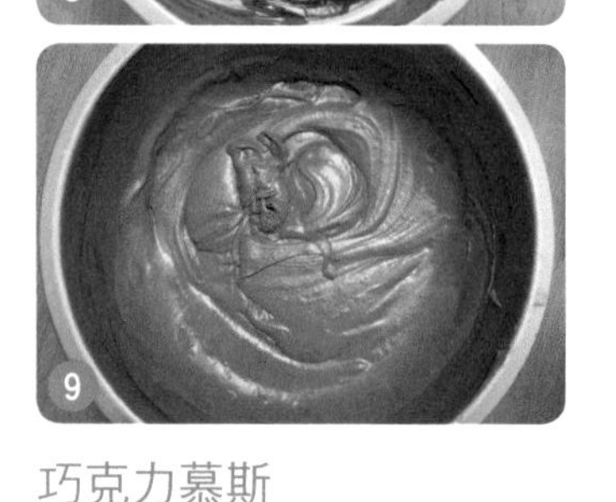

巧克力慕斯

3. 將 275g 坦尚尼亞 75% 巧克力加入步驟 2（1/3 的量），融化拌勻後稍做冷卻。（圖 6）
4. 動物鮮奶油打發，再加入步驟 3 拌勻即可。（圖 7～9）

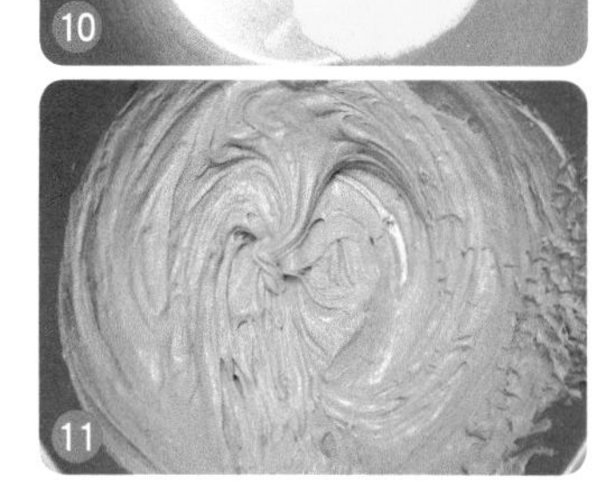

牛奶巧克力慕斯

5. 將 275g 安珀爪哇 36% 巧克力加入步驟 2（1/3 的量），融化拌勻後稍做冷卻。（圖 10）
6. 動物鮮奶油打發再加入步驟 5 拌勻即可。（圖 11）

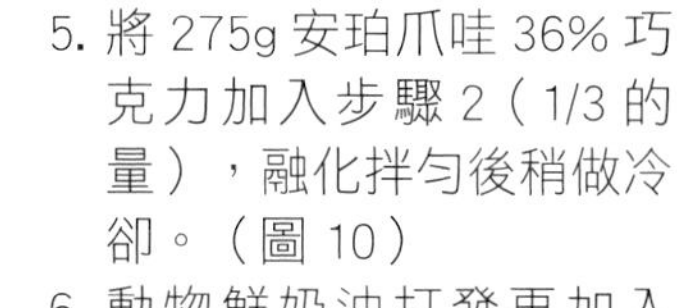

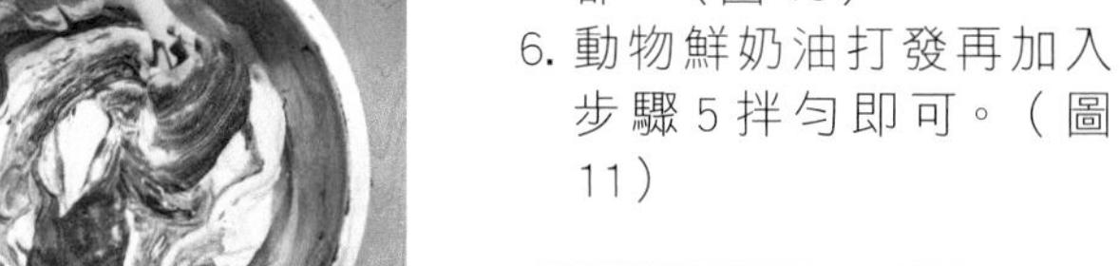

白巧克力慕斯

7. 將 275g 可可芭瑞 29% 巧克力加入步驟 2（1/3 的量），融化拌勻後稍做冷卻。（圖 12）
8. 動物鮮奶油打發再加入步驟 7 拌勻即可。（圖 13）

組合

1. 在蛋糕模裡先鋪上一層巧克力慕斯，冷凍待凝固。（圖 1）

2. 鋪上第二層牛奶巧克力慕斯，冷凍待凝固。（圖 2）
3. 鋪上第三層白巧克力慕斯（圖 3），再鋪上杏桃果醬（圖 4）。
4. 輕輕壓入刷上橙酒的蛋糕體，冷凍備用。（圖 5）

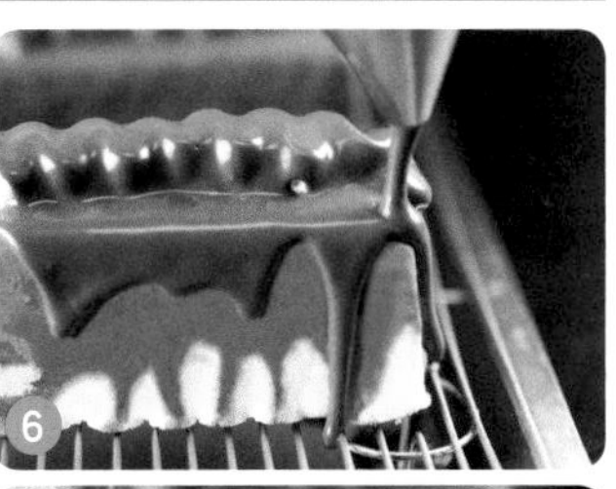

5. 用噴槍稍微烘烤蛋糕模外部，較易將慕斯脫模。
6. 脫模後，表面擠上鮮奶油，再淋上可可鏡面裝飾即可。（圖 6、7）

香橙白蘭地

香橙白蘭地的蛋糕體，採用自製的柑橘絲增加口感及風味，而搭配慕斯體的紅橙果泥，在多年前屬於比較新穎的食材，當時還吸引了外地的飯店師傅，特地來交流學習，小小地帶動了一股風潮。

材料 & 作法

香橙蛋糕體

鐵塔發酵奶油	260g
砂糖	200g
全蛋	212g
柑橘絲	80g
杏仁粉	40g
低筋麵粉	220g

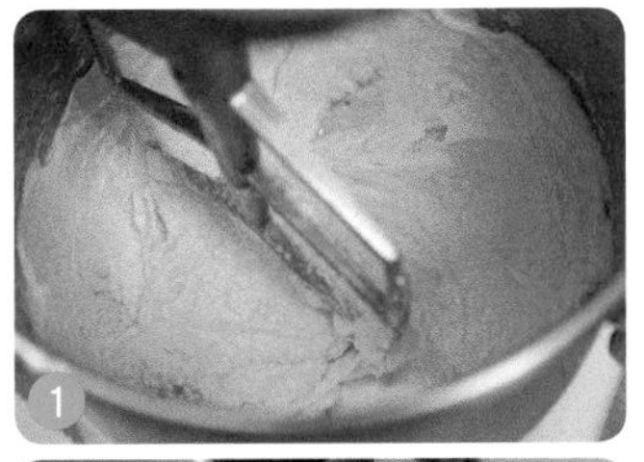

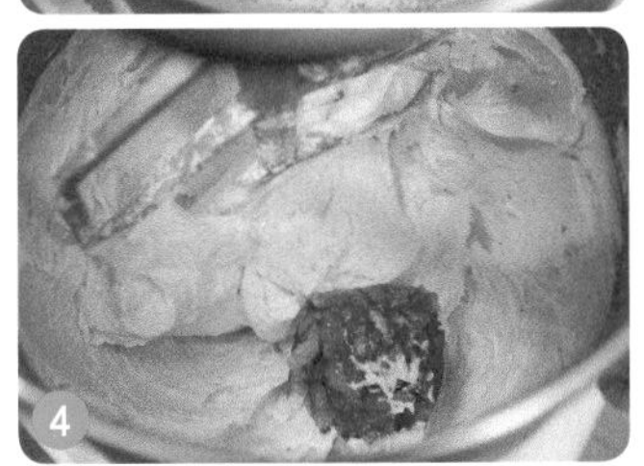

1. 發酵奶油、砂糖打發（圖 1），全蛋分次加入攪拌均勻（圖 2）。
2. 過篩的粉類加入步驟 1 攪拌均勻。（圖 3）
3. 柑橘絲加入步驟 2 攪拌均勻。（圖 4、5）

4. 入模，以上火 200℃ / 下火 160℃，烤約 30 分鐘左右。（圖 6 ～ 8）

香橙果凍

紅橙果泥	200g
葡萄柚果泥	200g
砂糖	40g
吉利丁片	9g
白蘭地	15g

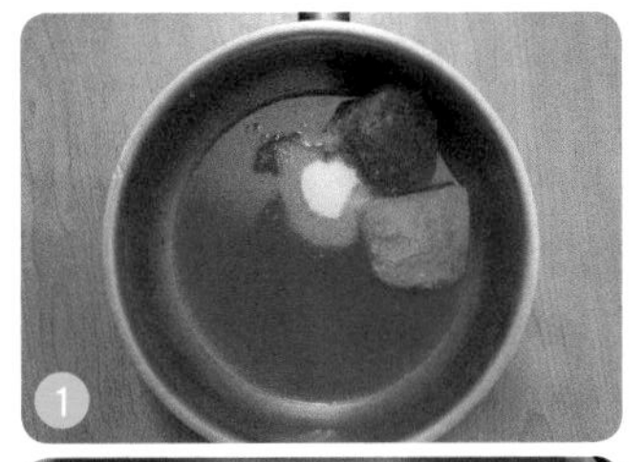
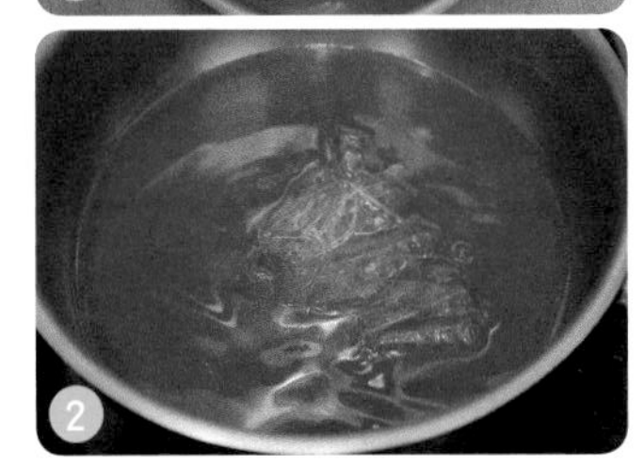

1. 紅橙果泥、葡萄柚果泥、砂糖（圖 1）加熱至 80℃。
2. 吉利丁片泡軟，加入步驟 1 拌勻。（圖 2）
3. 白蘭地加入拌勻即可。

橙酒

水	500g
砂糖	400g
君度橙酒	適量

1. 水加砂糖煮成 30° 波美糖漿。
2. 君度橙酒加入步驟 1 拌勻即可。

材料 & 作法

白巧白蘭地

蘭特保久乳	99g
蛋黃	35g
砂糖	10g
吉利丁片	4g
可可芭瑞 29% 巧克力	225g
打發動物鮮奶油	248g
白蘭地	36g

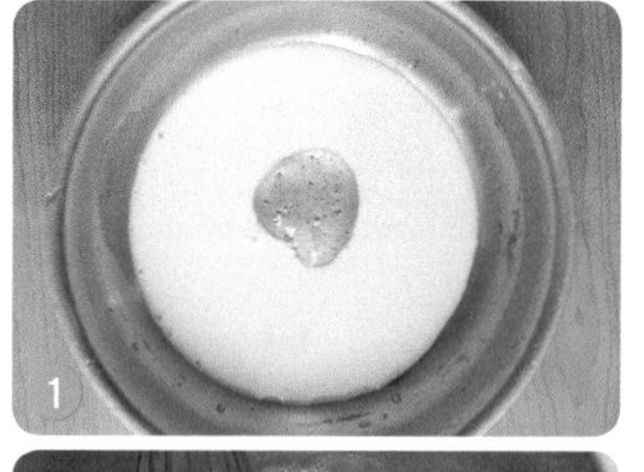
1

2

3

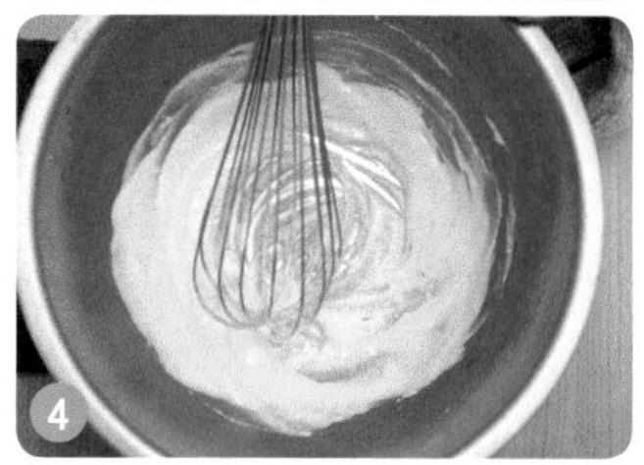
4

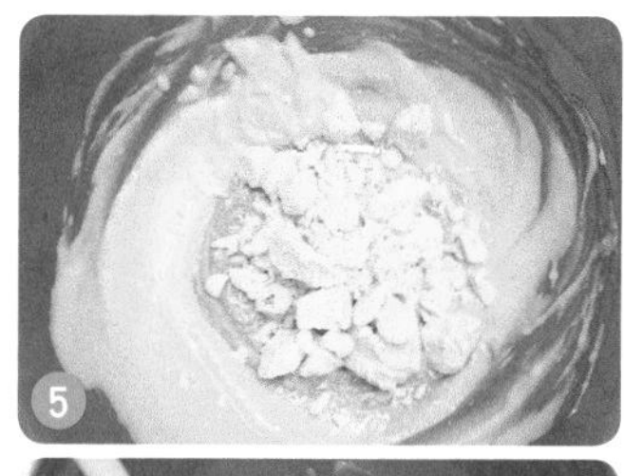
5

6

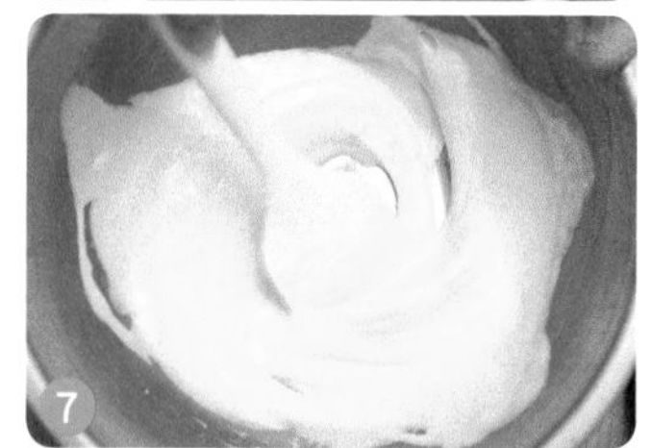
7

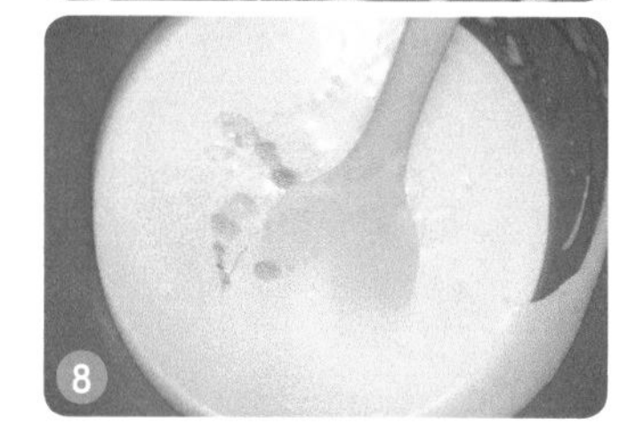
8

1. 蘭特保久乳加熱沖入打發的蛋黃與砂糖，煮成安格列魯。（圖 1、2）
2. 加入泡軟的吉利丁片拌勻。（圖 3、4）
3. 加入可可芭瑞 29% 巧克力（圖 5），拌勻後冷卻至 35℃。
4. 打發動物鮮奶油加入步驟 3 拌勻。（圖 6、7）
5. 最後再加入白蘭地拌勻即可。（圖 8）

組合

裝飾－葡萄柚	適量

1

2

3

4

1. 用 8 吋慕斯圈將蛋糕體壓出蛋糕片後，刷上橙酒，放入包好保鮮膜的慕斯圈中。
2. 鋪上一層白巧白蘭地，冷凍待凝固。（圖 1、2）
3. 鋪上香橙果凍，最後在表面裝飾葡萄柚即可。（圖 3、4）

榛果歐培拉

檸檬磅蛋糕

無花果蛋糕

蜂蜜千層

生乳捲

樞機卿

芭芭羅瓦

榛果歐培拉

歐培拉（Opera）是一種法式甜點，在法國甜點店非常普遍，因為口感濃郁，是人人喜愛的甜點之一，據說 1890 年時由 Dalloyau 甜點店最先創製。

傳統的歐培拉蛋糕有六層，其中三層是把杏仁海綿蛋糕浸滿咖啡糖酒，其餘三層是巧克力甘納許及咖啡奶油霜，一層一層的堆疊，最後在表面淋上一層薄薄的亮面巧克力，造型極為精緻。

本配方是以榛果奶油霜來取代傳統的咖啡奶油霜，嘗起來別有一番堅果風味。

材料 & 作法

杏仁海綿蛋糕

蛋黃	100g
全蛋	500g
糖粉	140g
蛋白	500g
砂糖	300g
低筋麵粉	220g
杏仁粉	400g
鐵塔發酵奶油	140g

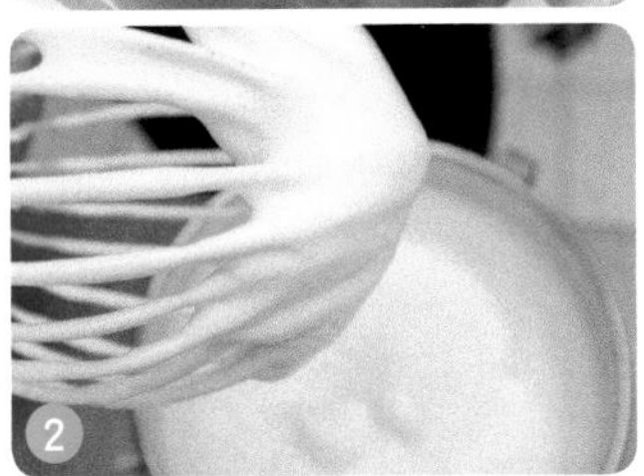
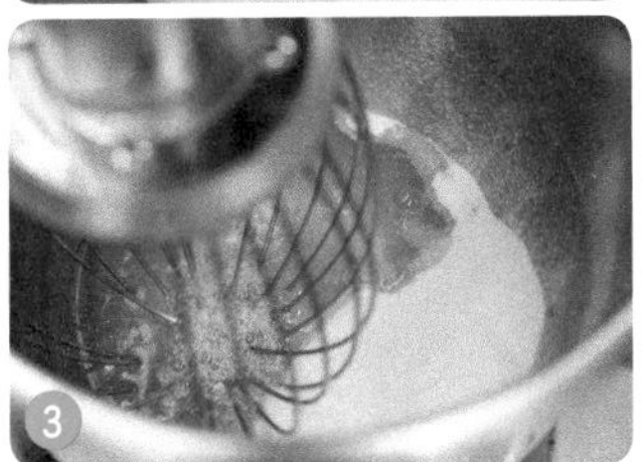
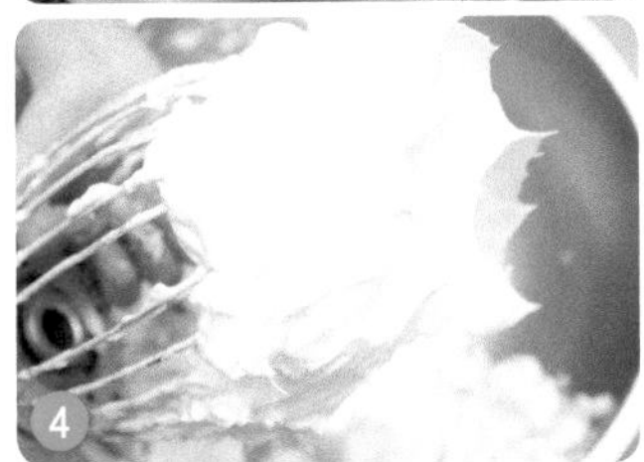
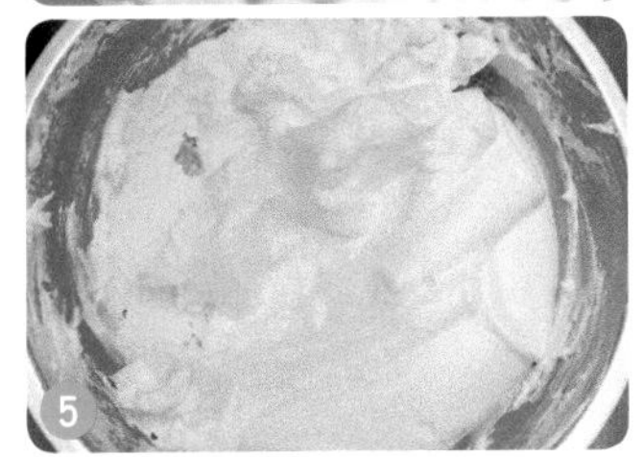

1. 蛋黃加全蛋、糖粉一起打發。（圖 1、2）
2. 蛋白加砂糖一起打發。（圖 3、4）
3. 將步驟 2 加入步驟 1 中拌勻。（圖 5）

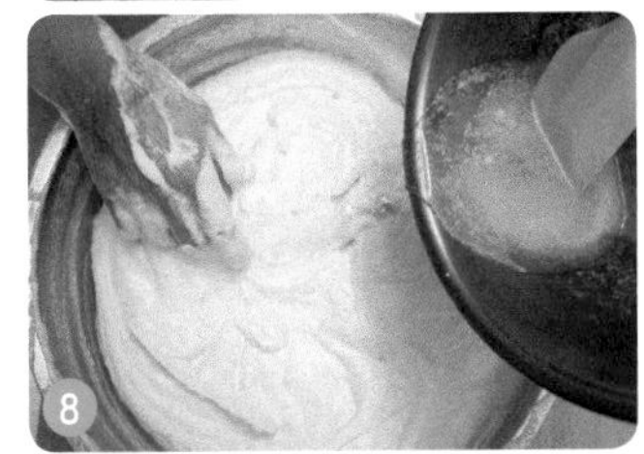

4. 再加入過篩的低筋麵粉、杏仁粉拌勻。（圖 6、7）
5. 奶油加熱到 70℃後加入步驟 4 拌勻。（圖 8）
6. 麵糊倒入烤盤，以上火 200℃ / 下火 110℃，烤約 16 分鐘。（圖 9）

奶油霜

蛋黃	34g
香草莢	1/2 根
水	75g
砂糖	300g
鐵塔發酵奶油	450g

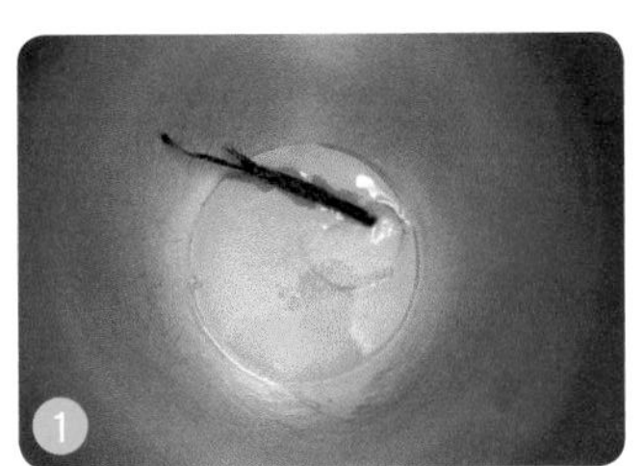

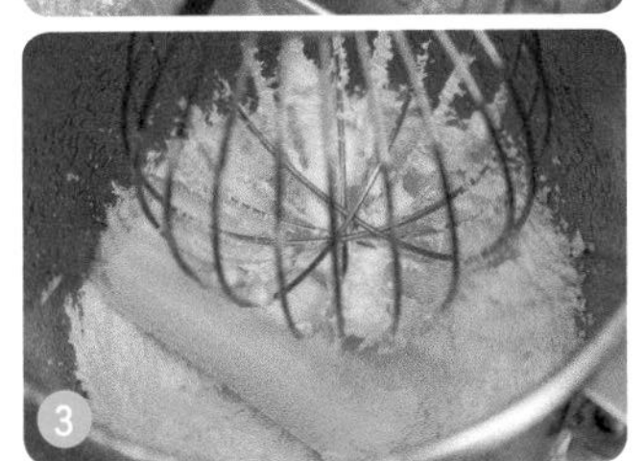
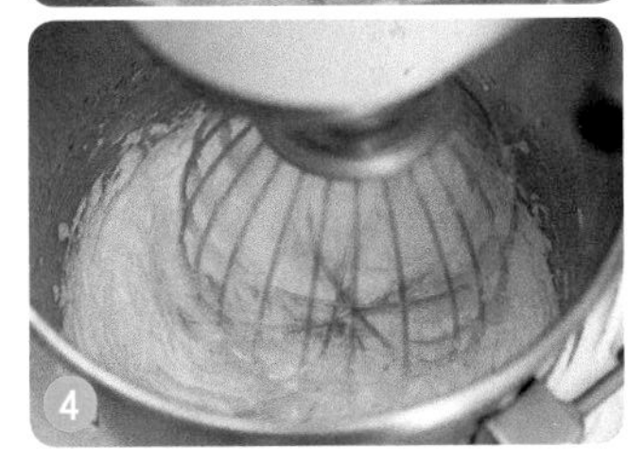

1. 取出香草籽與蛋黃拌勻。（圖 1）
2. 水加糖煮至 112℃，沖入步驟 1 打發。（圖 2）
3. 持續攪拌至溫度下降到 35℃，再加入軟化奶油攪拌均勻。（圖 3、4）

材料 & 作法

巧克力奶油霜

蘭特保久乳	100g
總統動物鮮奶油	300g
坦尚尼亞 75% 巧克力	75g
鐵塔發酵奶油	

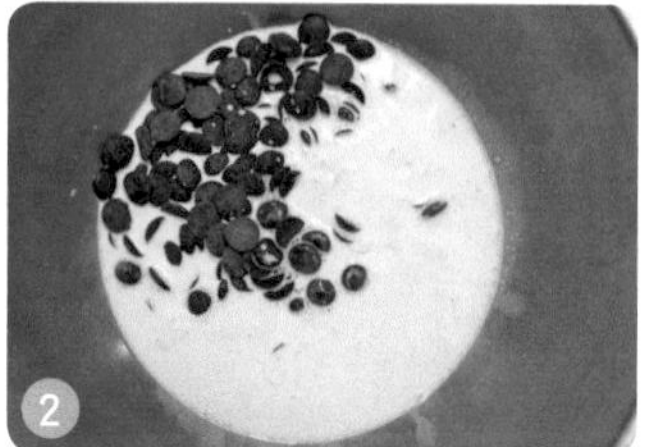

1. 蘭特保久乳加動物鮮奶油煮滾，沖入巧克力拌勻。（圖 1 、2）
2. 攪拌降溫至 35℃，再加入軟化奶油拌勻。（圖 3）

榛果奶油霜

奶油霜	220g
無糖榛果醬	70g

・所有材料拌勻打發即可。

焦糖榛果奶油霜

奶油霜	220g
無糖榛果醬	90g
焦糖醬	6g

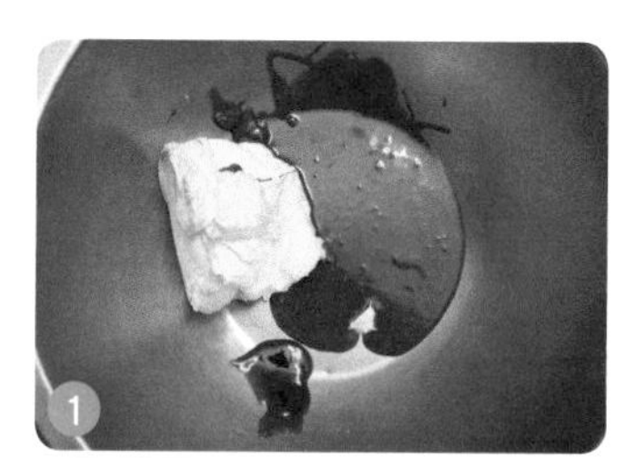

・所有材料拌勻打發即可。（圖 1 、2）

巧克力淋醬

安珀爪哇 36% 巧克力	100g
坦尚尼亞 75% 巧克力	5g
總統動物鮮奶油	220g

・動物鮮奶油煮滾，再沖入巧克力拌勻即可。（圖 1 、2）

組合

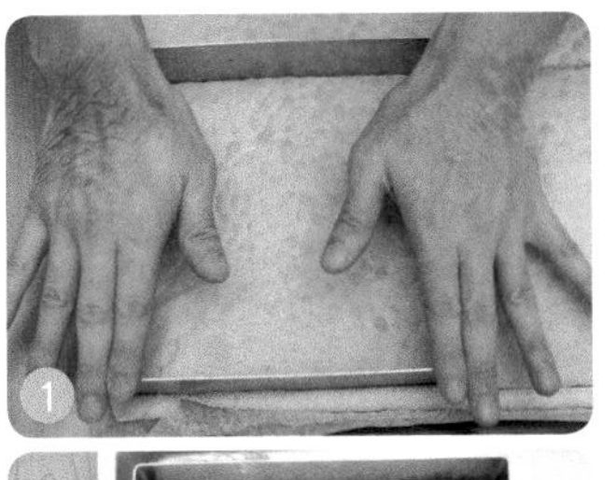

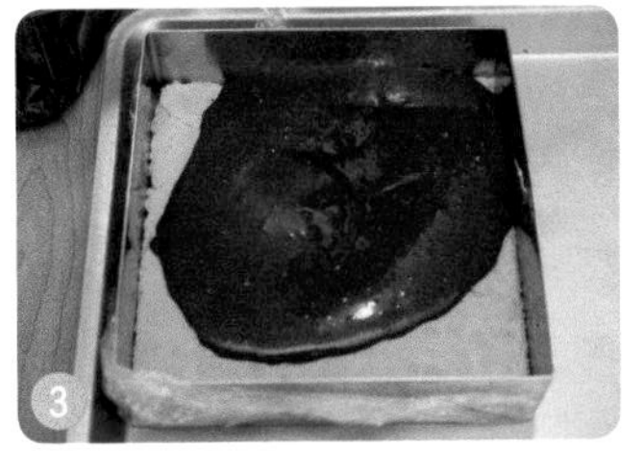

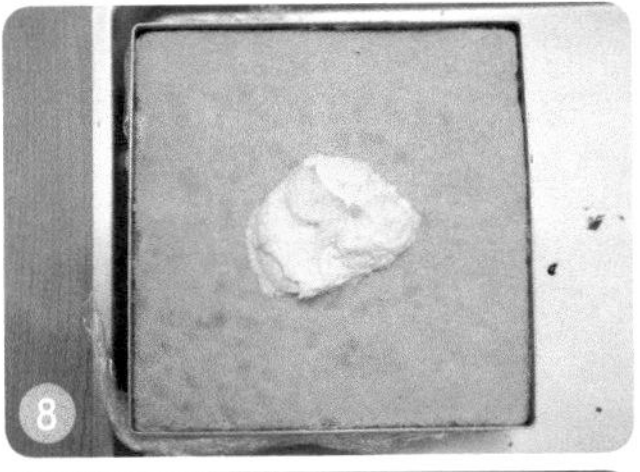

1. 海綿蛋糕先用方型慕斯圈壓出方形片（圖1）。
2. 放入包好保鮮膜的方型慕斯圈中。（圖2）
3. 抹上一層巧克力奶油霜。（圖3、4）
4. 再疊一層蛋糕片。（圖5）
5. 抹上一層焦糖榛果奶油霜。（圖6、7）
6. 再疊一層蛋糕片、抹上一層奶油霜。（圖8、9）
7. 再疊一層蛋糕片。（圖10）
8. 最後再抹上一層榛果奶油霜（圖11），冷凍待慕斯凝固。
9. 脫模後，淋上巧克力淋醬再裝飾即可。（圖12～15）

檸檬磅蛋糕

檸檬磅蛋糕又有「老奶奶檸檬蛋糕」的別稱，至於名字從何而來已不可考，或許是因為「老奶奶」代表著樸實無華且讓人懷念的家傳風味吧！
此款蛋糕屬於打發全蛋作法的磅蛋糕，鬆軟的口感加上表層披覆的檸檬糖霜，酸酸甜甜的滋味讓人忍不住一口接著一口，絕對值得親自動手試試！

材料 & 作法

蛋糕體

全蛋	225g
砂糖	133g
杏仁膏	50g
檸檬皮屑	1 個
檸檬汁	30g
柚子醬	10g
發酵奶油	142g
低筋麵粉	145g

1

2

3

4

5

6

7

8

1. 砂糖、杏仁膏、全蛋攪拌打發。（圖 1）
2. 檸檬皮屑、檬檬汁、柚子醬拌勻（圖 2），加入步驟 1 攪拌均勻（圖 3）。
3. 奶油融化加入步驟 2 攪拌均勻。（圖 4）
4. 低筋麵粉加入步驟 3 攪拌均勻。（圖 5）
5. 倒入烤盤（圖 6、7）。
6. 上火 170℃ / 下火 170℃，烤約 35～40 分鐘即可。（圖 8）

檸檬糖霜

檸檬汁	40g
檸檬皮屑	1 個
糖粉	250g

- 將所有材料拌勻即可。

組合

1

2

- 檸檬蛋糕切成長條狀（圖 1），再淋上檸檬糖霜即可（圖 2）。

無花果蛋糕

將無花果乾先用香草籽糖蜜處理後，再加入海綿蛋糕體一起烘烤，鬆軟的蛋糕中，散發著濃郁的無花果及香草甜蜜芬芳的滋味。

材料 & 作法

蛋糕體

全蛋	475g	檸檬汁	50g	低筋麵粉	338g
蛋黃	125g	安珀爪哇 36% 巧克力	450g	無花果乾	150g
砂糖	475g	鐵塔發酵奶油	338g	熟杏仁角	50g

1. 全蛋、蛋黃及砂糖攪拌打發。（圖 1）
2. 檸檬汁加入步驟 1 攪拌均勻。（圖 2）
3. 將巧克力、奶油融化，加入步驟 2 拌勻。（圖 3）
4. 低筋麵粉過篩，加入步驟 3 拌勻。（圖 4）
5. 最後拌入切碎的無花果乾及烤熟杏仁角。（圖 5）
6. 入模，以上火 170℃ / 下火 170℃，烤約 35～40 分鐘。（圖 6）

・蛋糕脫模後，再淋上檸檬糖霜即可。

檸檬糖霜

檸檬汁	40g
檸檬皮屑	1 個
糖粉	250g

・將所有材料拌勻即可。

蜂蜜千層

以日本知名的年輪蛋糕為概念開發而成的一款點心，
因為蛋糕體需要一層一層地烤焙，相當費時費工，
但其鬆軟且美麗的層次，以及撲鼻而來的蜂蜜香甜，
讓人吃了一再回味。

材料 & 作法

蛋糕體

全蛋①	800g	蜂蜜	50g	蘭特保久乳	250g
蛋黃	250g	全蛋②	26g	奶油乳酪	150g
砂糖	300g	芥花油	300g	低筋麵粉	300g

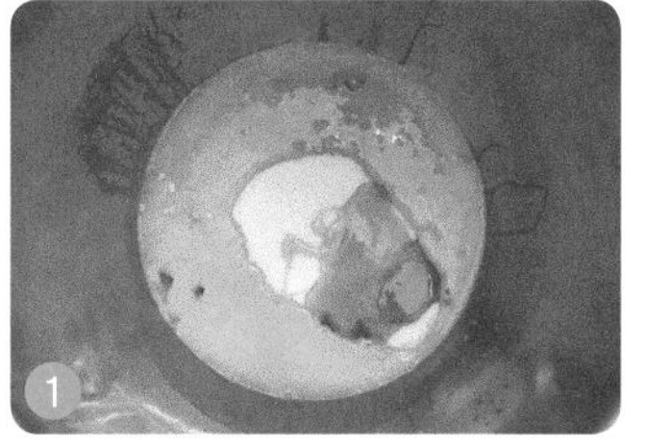

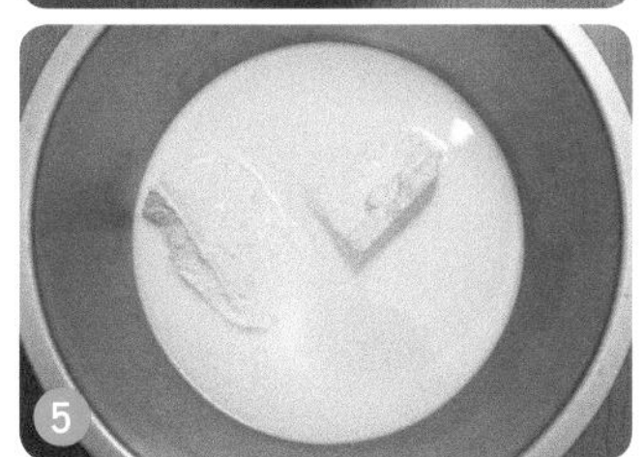

1. 全蛋①、蛋黃、砂糖及蜂蜜攪拌打發。（圖 1、2）
2. 全蛋② 加芥花油打成沙拉醬備用。（圖 3、4）
3. 蘭特保久乳、奶油乳酪煮滾煮融備用。（圖 5）

4. 將步驟 2 加入步驟 1 中攪拌均勻（圖 6）
5. 再加入步驟 3 攪拌均勻。（圖 7）
6. 再加入過篩低筋麵粉攪拌均勻。（圖 8、9）
7. 倒入烤盤。（圖 10）

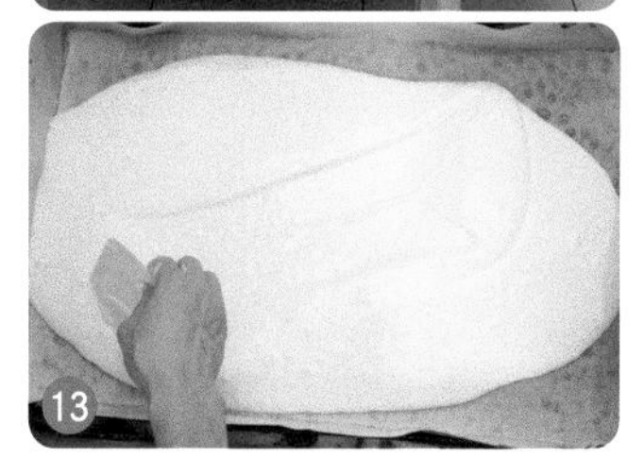

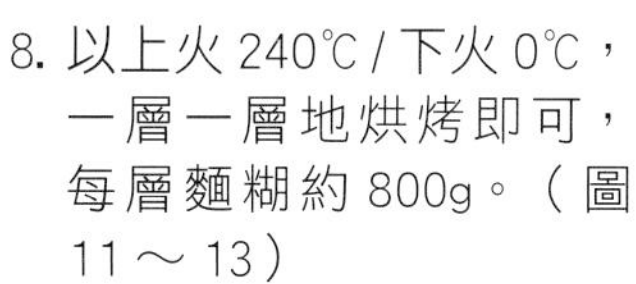

8. 以上火 240℃ / 下火 0℃，一層一層地烘烤即可，每層麵糊約 800g。（圖 11 ～ 13）

生乳捲

鬆軟的戚風蛋糕體，包覆富含濃郁乳香的鮮奶油以及堅果香氣的夏威夷豆，入口即化的奶霜與 Q 彈柔軟蛋糕體完美的結合，徹底征服甜點控的味蕾，是原麥森林最熱門的點心之一。

材料 & 作法

蛋糕體

蛋黃	153g
低筋麵粉	168g
玉米粉	18g
蘭特保久乳	96g
芥花油	108g
蘭姆酒	10g
蛋白	315g
砂糖	192g
鹽	1g

1. 芥花油中加入玉米粉、蛋黃、蘭特保久乳。（圖 1）
2. 再加入過篩的低筋麵粉以打蛋器拌勻。（圖 2）
3. 再加入蘭姆酒拌勻。（圖 3、4）
4. 將蛋白攪拌打至起泡後，再加入砂糖、鹽，中速攪拌至濕性發泡。（圖 5）
5. 步驟 4 加入步驟 3 拌勻。（圖 6、7）
6. 以上火 200 ℃ / 下火 110℃，烤約 16 分鐘左右。（圖 8）

生乳餡

總統動物鮮奶油	700g
砂糖	35g
夏威夷豆	80g

1. 動物鮮奶油加砂糖攪拌打發即可。
2. 夏威夷豆切碎備用。

組合

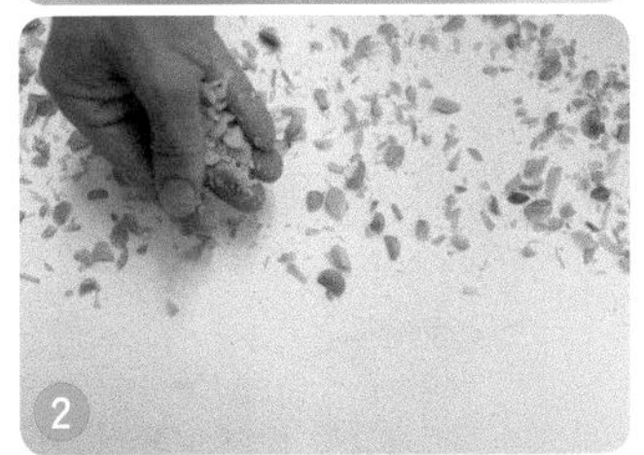

- 待蛋糕片放涼，均勻抹上一層生乳餡（圖 1）、再撒上夏威夷豆（圖 2），捲成蛋糕捲切片即可。（圖 3～4）

樞機卿

樞機卿（Cardinal Slice）又稱為卡迪那，相傳是法國人為表達對於樞機卿（教宗的最高顧問）的敬意，以黃白交織的教袍為靈感所創作出來的經典甜點。其口感結合蛋白酥蛋糕與海綿蛋糕，外層酥脆而內層柔軟，本配方中的百香果內餡微酸微甜尤其令人驚豔，是必嘗的法式經典。

材料 & 作法

蛋糕體

蛋白	240g
砂糖	166g
檸檬汁	6g

全蛋	55g
蛋黃	55g
砂糖	44g
鹽	適量
低筋麵粉	47g

內餡

百香果泥	300g
柳橙汁	150g
檸檬汁	7g
砂糖	90g
干邑香甜酒	4g
吉利丁片	14g

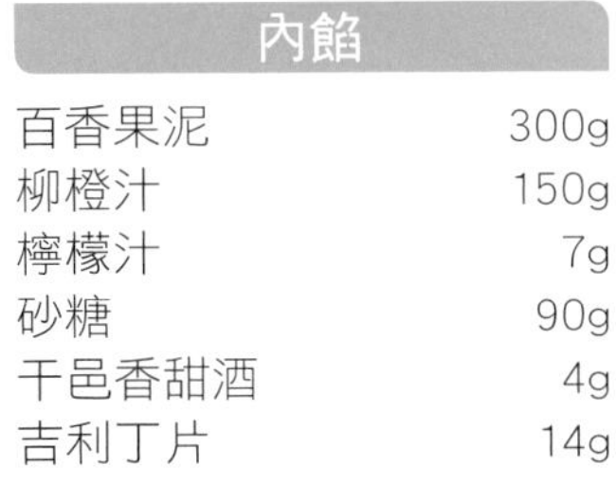

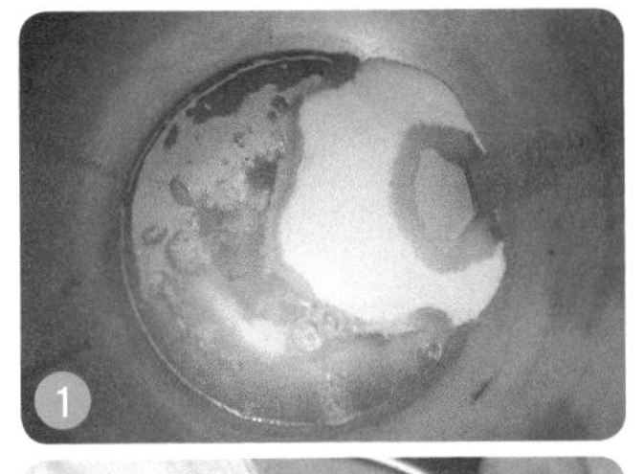
1

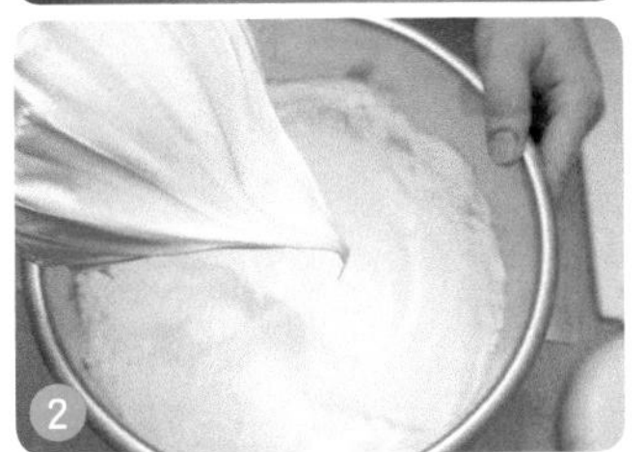
2

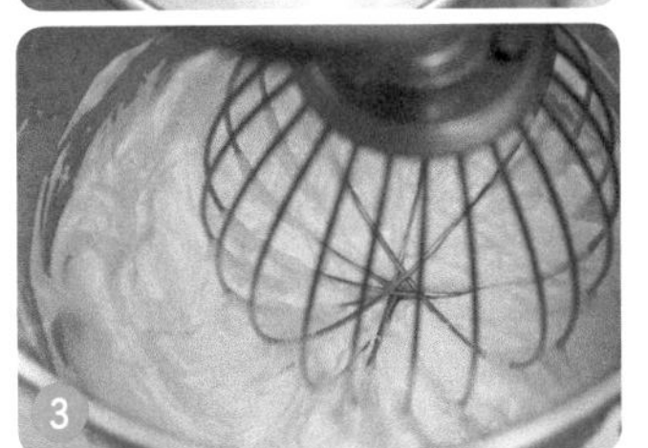
3

4

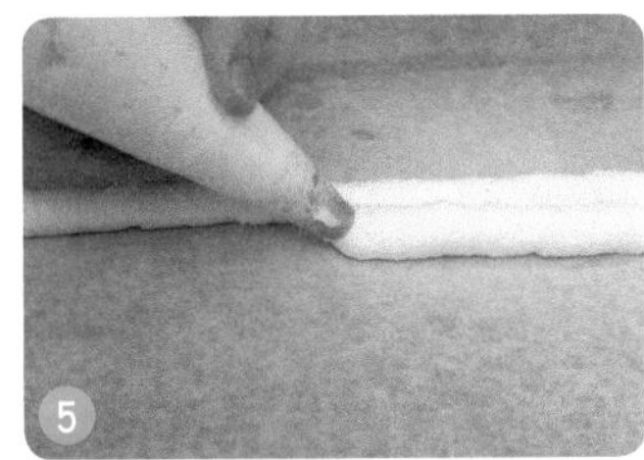
5

6

7

8

1. 蛋白、砂糖及檸檬汁混合攪拌至乾性發泡備用。（圖 1、2）
2. 全蛋、蛋黃、砂糖、鹽混合攪拌至乾性發泡（圖 3），再加入過篩的低筋麵粉拌勻備用（圖 4）。
3. 步驟 1、步驟 2 分別裝入擠花袋內，在烤盤上擠出長條形。（圖 5 ～ 7）
4. 上火 130℃ / 下火 130℃，烤約 60 分鐘左右。（圖 8）

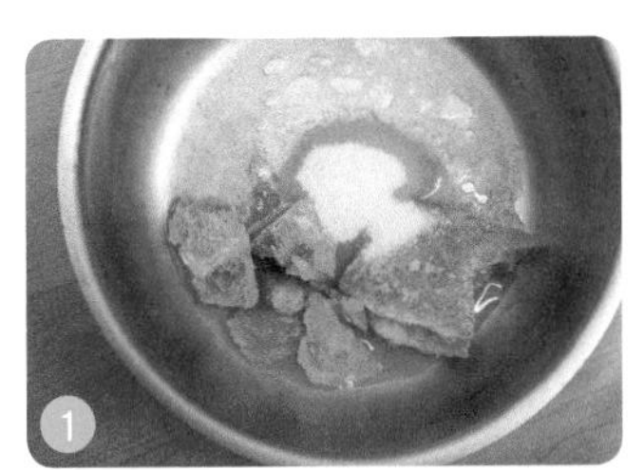
1

2

3

4

1. 百香果泥、柳橙汁、檸檬汁、砂糖加熱煮到 80℃。（圖 1）
2. 泡軟的吉利丁片加入步驟 1 拌勻。（圖 2）
3. 降溫至 35℃，加入香甜酒拌勻。（圖 3）
4. 入模後冷凍備用。（圖 4）

材料 & 作法

鮮奶油

優格	120g
吉利丁片	5g
總統動物鮮奶油	500g

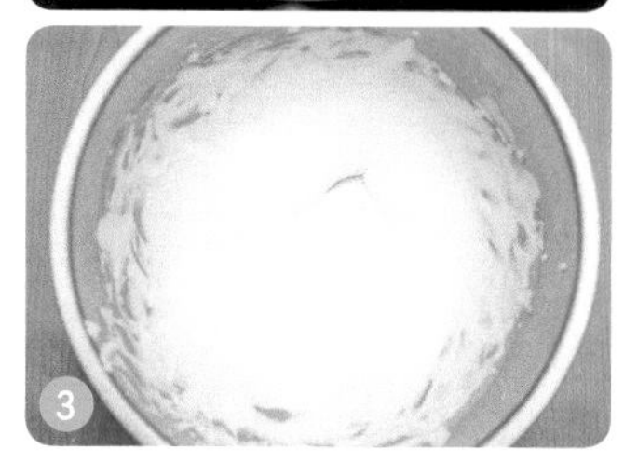

1. 優格、動物鮮奶油稍加熱拌勻。（圖 1）
2. 泡軟的吉利丁片加入步驟 1 拌勻。（圖 2）
3. 冷藏一晚，隔天再打發。（圖 3）

組合

1. 蛋糕體抹上一層鮮奶油。（圖 1）
2. 內餡切成蛋糕體的 2/3 寬度後，擺在中間。（圖 2）
3. 抹上一層鮮奶油。（圖 3）
4. 兩旁裝飾鮮奶油。（圖 4）
5. 再蓋上蛋糕體。（圖 5）
6. 冷凍冰硬後切片即可。（圖 6）

芭芭羅瓦

芭芭（baba）是指一種完全浸泡酒糖液的蛋糕。相傳十八世紀時，波蘭國王 Stanislas Leszczynska 因牙齒不好，無法品嘗偏硬的亞爾薩斯地區咕咕霍夫奶油蛋糕，於是甜點師傅 Stohrer 便將咕咕霍夫蛋糕浸泡在萊姆酒中稍微軟化方便國王品嘗，而創造出萊姆芭芭（baba au rhum）這道點心。

歐洲自古以來，在重大的宗教節日，如復活節或聖誕節時，芭芭就是不可或缺的糕點。至十九世紀，配方經過一些修正後，更被大家廣泛接受，成為一道成功的甜點。

材料 & 作法

麵包體

新鮮酵母	5g
溫水	25g
蘭姆酒	20g
香草莢	適量
全蛋	250g
高筋麵粉	125g
低筋麵粉	125g
轉化糖漿	20g
鹽	5g
鐵塔發酵奶油	100g

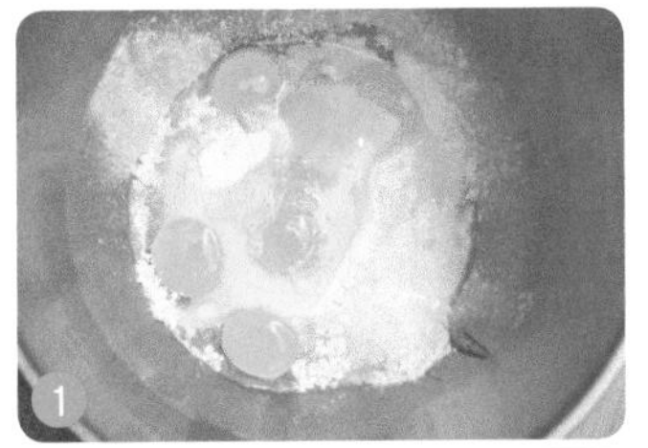

1. 酵母與溫水拌勻備用。
2. 除了奶油之外的所有材料，加入步驟 1 一起拌勻，用攪拌器打至麵糊捲起。（圖 1、2）

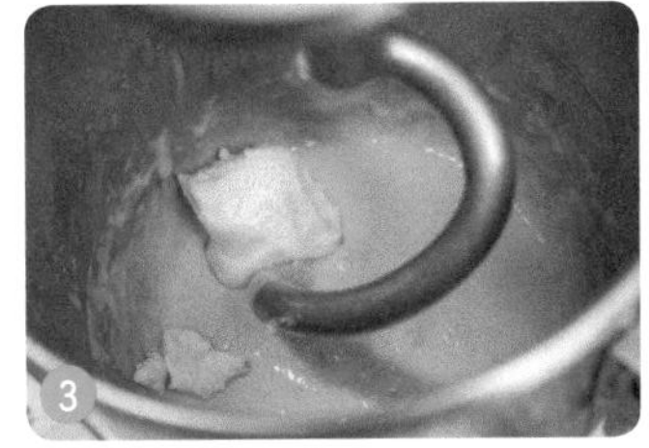

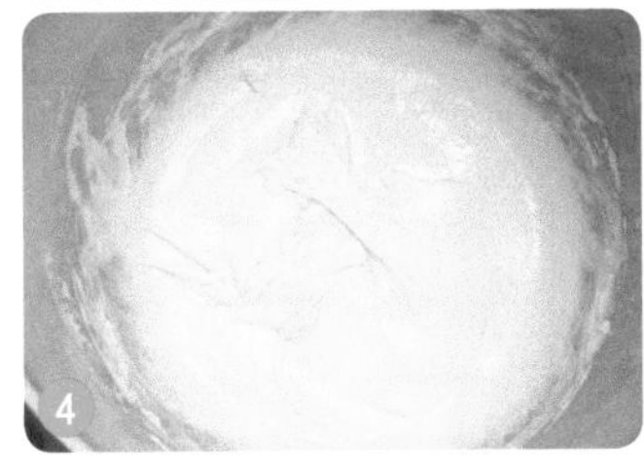

3. 加入奶油攪拌至成糊。（圖 3、4）

4. 麵糊擠入矽膠模，以上火 200℃ / 下火 180℃，烤約 20 分鐘左右。（圖 5、6）

‧ 出爐待涼後，浸泡入蘭姆糖酒中入味即可。

蘭姆糖酒

砂糖	500g
水	1000g
蘭姆酒	適量

‧ 砂糖加入水中煮融，放涼後，再加入蘭姆酒拌勻備用。

點心系列

可麗露
馬卡龍
聖安諾
燒菓子
伯爵奶茶
抹茶千層
法式水果軟糖

可麗露

關於可麗露的起源眾說紛紜，但其共同之處是源於法國波爾多地區，以及經典的鈴鐺狀黃銅模，因為造型獨特，又有「天使之鈴」的美名。
可麗露外殼薄脆、色澤深濃帶著焦糖味；添加了蘭姆酒與香草的內裡，濕潤富有香氣。口感外脆內 Q，看似樸實簡單，卻是風味十分獨特的一款點心。

材料 & 作法

可麗露

香草莢	1/2根
全蛋	156g
砂糖	300g
低筋麵粉	150g
蘭特保久乳	750g
蘭姆酒	23g
鐵塔發酵奶油	30g

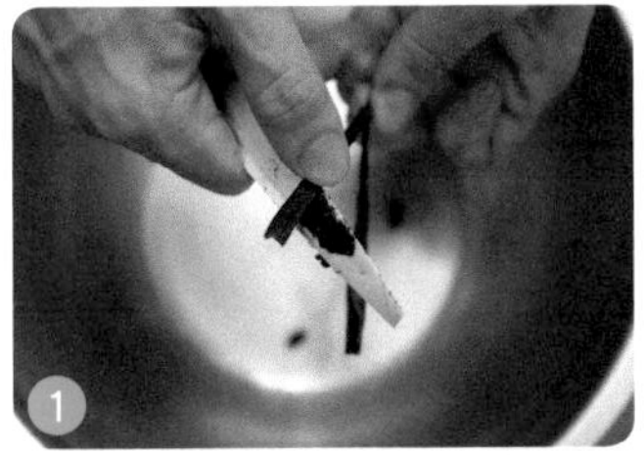

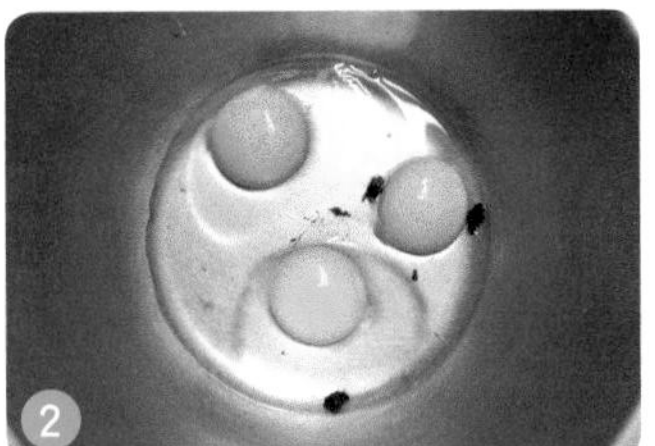

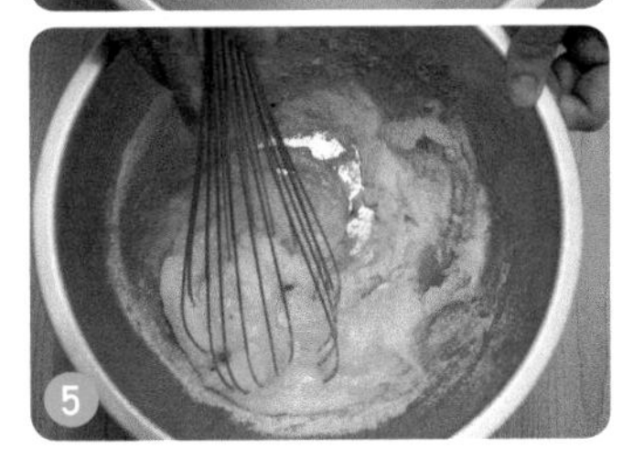

1. 取出香草籽。（圖 1）
2. 全蛋、香草籽拌勻。（圖 2、3）
3. 加入砂糖拌勻。（圖 4、5）

4. 加入蘭特保久乳拌勻。（圖 6）
5. 加入低筋麵粉、蘭姆酒拌勻。（圖 7、8）
6. 再加入融化的奶油拌勻。（圖 9）

7. 過濾後冷藏一晚。（圖 10）
8. 入模（圖 11），以上火 200℃ / 下火 215℃，烤 20分鐘後取出輕敲一下，再續烤約 60 分鐘左右。（圖 12）

馬卡龍

馬卡龍（macaron），又稱法式小圓餅、杏仁蛋白餅，是以杏仁粉、蛋白、砂糖為基本原料，做成直徑約三至五公分左右的小圓餅。

傳說這款點心最早出現在義大利的修道院，當時有位名為 Carmelie 的修女，用杏仁粉製作出這道甜點。

完美的馬卡龍有一層細膩光滑、極薄酥的外層，內裡則是綿密的蛋白霜、些微黏牙的糖心口感，充滿杏仁的香氣，亦有「少女的酥胸」之美稱。

本配方採用伯爵巧克力做為夾餡，伯爵茶香與巧克力巧妙搭配，嘗一口，絕對讓人意猶未盡。

材料 & 作法

馬卡龍

材料	份量	材料	份量	材料	份量
蛋白	165g	糖粉	285g	伯爵茶葉	適量
砂糖	195g	鹽	1g		
杏仁粉	165g	檸檬汁	5g		

1. 杏仁粉、糖粉、伯爵茶葉拌勻。（圖 1～3）
2. 蛋白、砂糖、鹽、檸檬汁攪拌至硬性發泡。（圖 4、5）
3. 步驟 2 加入步驟 1 拌勻。（圖 6、7）
4. 裝入擠花袋，在烤盤布上擠出適當大小的圓片。（圖 8～10）
5. 在步驟 4 的圓片上輕輕撒上伯爵茶葉。（圖 11、12）
6. 上火 160℃ / 下火 150℃，烤約 14～16 分鐘即可。（圖 13）

材料 & 作法

伯爵巧克力餡

伯爵茶包	30g
水	200g
總統動物鮮奶油	340g
葡萄糖漿	60g
坦尚尼亞 75% 巧克力	350g
安珀爪哇 36% 巧克力	150g
鐵塔發酵奶油	80g

1. 水滾後放入伯爵茶包悶約 5 分鐘後，加入動物鮮奶油拌勻再煮滾。（圖 1）

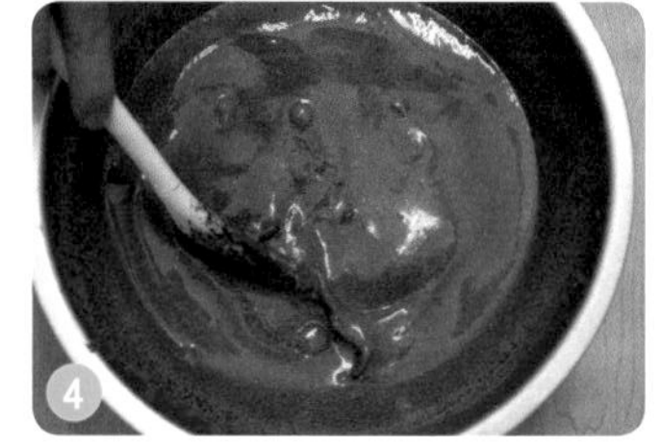

2. 步驟 1 沖入巧克力、葡萄糖漿拌勻。（圖 2～4）

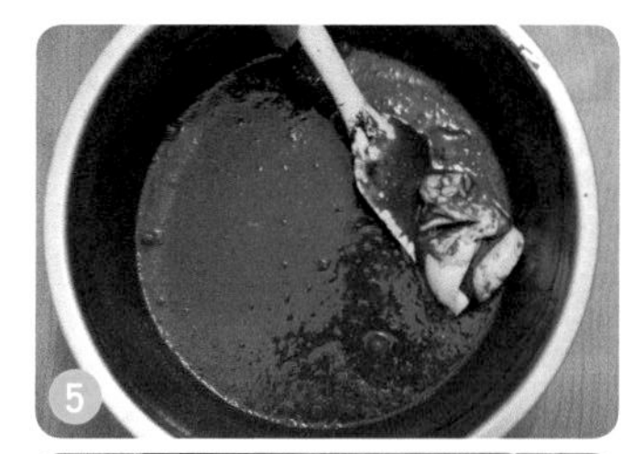

3. 降溫至 35℃後，加入軟化奶油拌勻備用。（圖 5、6）

組合

・取兩片大小一致的馬卡龍，夾上內餡即可。

聖安諾

聖安諾（Saint-Honoré）是一道有兩百年歷史的法國經典甜點，據說是由出身甜點世家的奧古斯特．朱利安所發明，是一款結合了千層派皮、泡芙、香緹組合而成的甜點。嘗一口，可以同時享受派皮與泡芙兩種口感，以及奶油內餡和甜脆焦糖在口中豐富美妙的融合。

材料 & 作法

千層派皮

鐵塔發酵奶油①	400g
低筋麵粉①	100g
低筋麵粉②	250g
高筋麵粉	250g
水	200g
檸檬汁	25g
鹽	12g
鐵塔發酵奶油②	50g

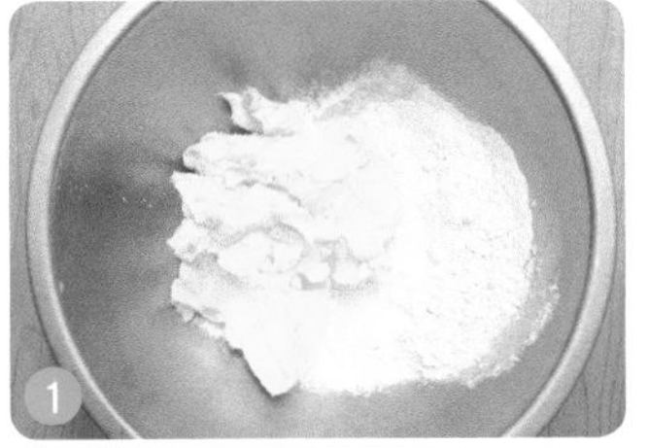

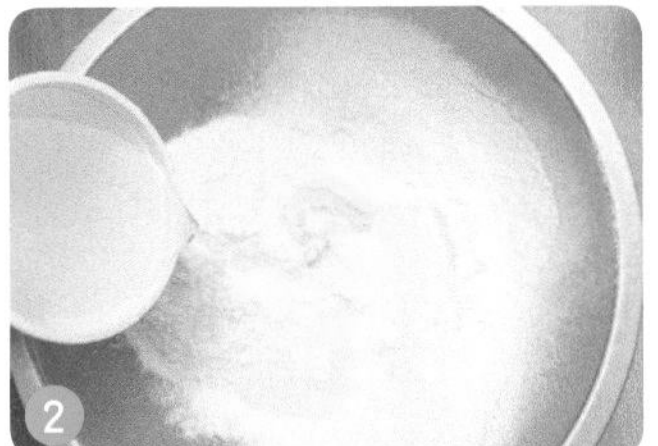

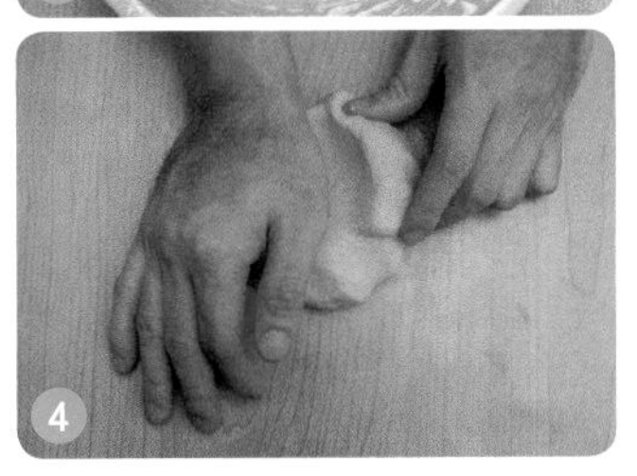

1. 奶油①加過篩低筋麵粉①拌勻成糰，冷藏備用。（圖 1）
2. 除了步驟 1 的材料以外，其餘材料打到光滑成糰，鬆弛 2 小時。（圖 2～4）

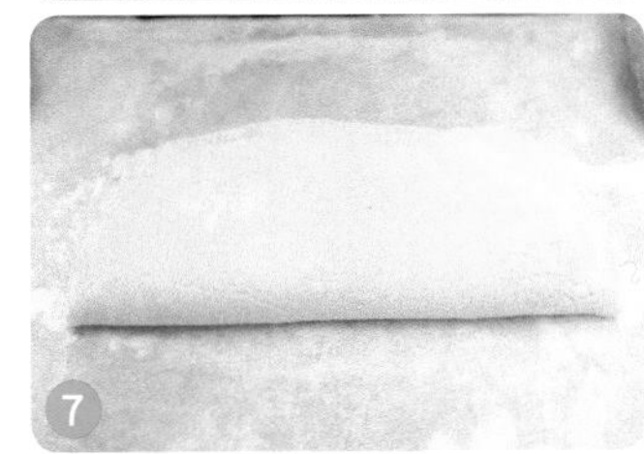

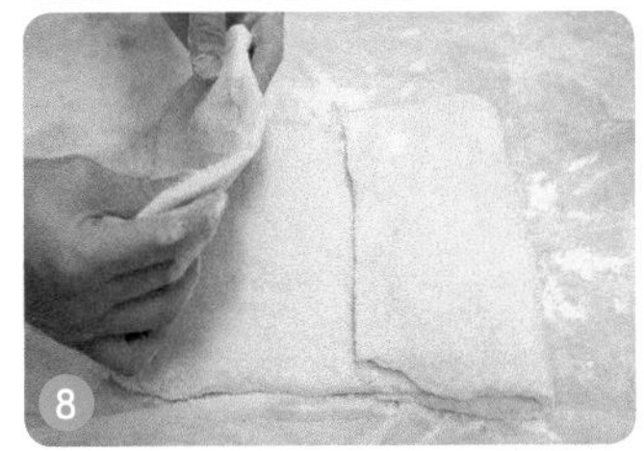

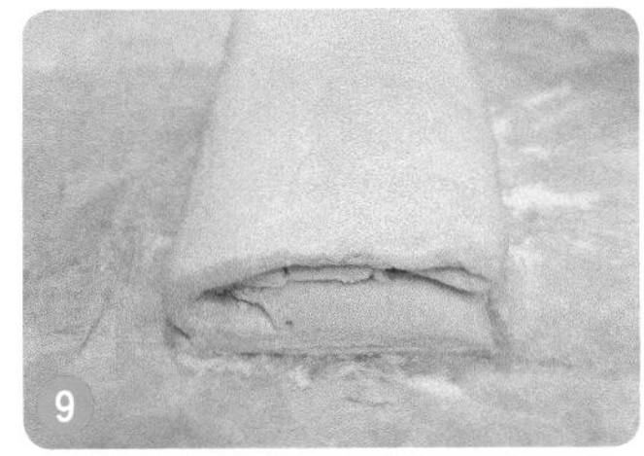

3. 將步驟 2 擀平攤開，步驟 1 放在步驟 2 中央，封好。（圖 5～7）
4. 以 4 折 X 3 次，再 3 折 X 1 次擀開，每次擀開均須鬆弛 2 小時。（圖8～11）

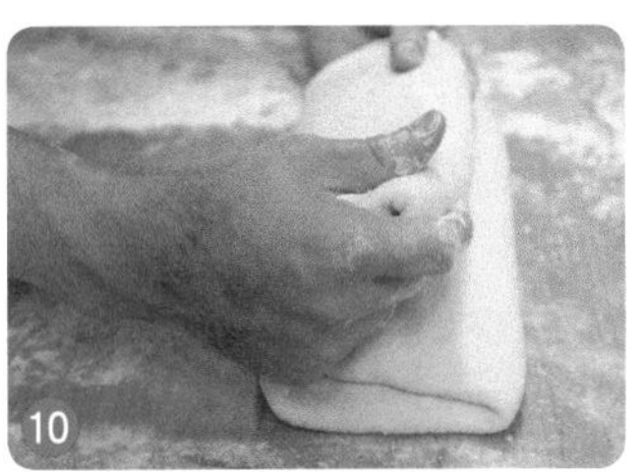

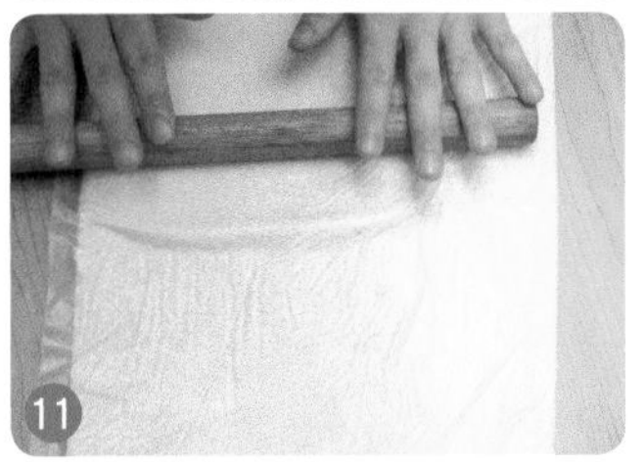

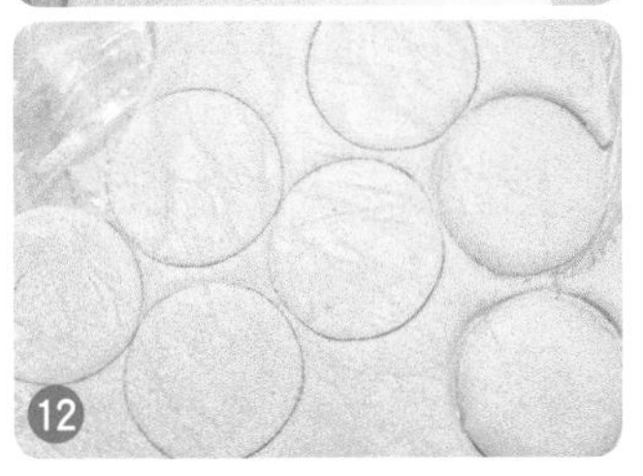

5. 整形後用圓圈模壓出小圓片，撒上細砂糖，以上火 190℃ / 下火 170℃，烤約 30 分鐘至酥脆。（圖 12）

焦糖

砂糖	500g
轉化糖漿	50g
水	125g

・所有材料一起煮至焦化備用。

材料 & 作法

泡芙

蘭特保久乳	130g
水	130g
砂糖	6g
鹽	4g
鐵塔發酵奶油	120g
低筋麵粉	145g
雞蛋	260g

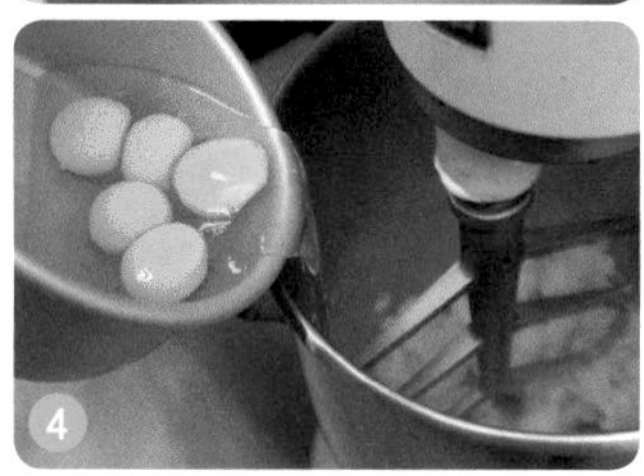

1. 將蘭特保久乳、水、砂糖、鹽、發酵奶油煮滾。（圖 1）
2. 加入低筋麵粉。（圖 2）
3. 降溫至 60℃後（圖 3），雞蛋分次加入麵糊攪拌至呈現光滑倒三角即可。（圖 4、5）

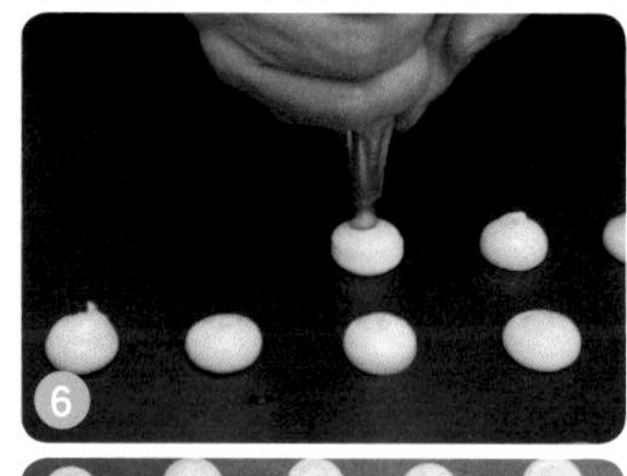
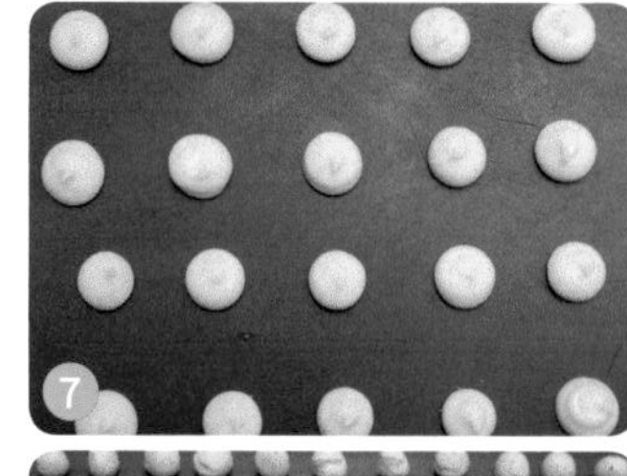

4. 在烤盤上擠約 1 元硬幣大小，以上火 200℃ / 下火 180℃，烤約 20 分鐘。（圖 6 ～ 8）

黑醋栗香緹

總統動物鮮奶油	600g
黑醋栗果泥	145g
干邑香甜酒	50g
可可芭瑞 29% 巧克力	190g

1. 黑醋栗果泥加熱至 80℃備用。
2. 動物鮮奶油煮滾（圖 1），沖入可可芭瑞 29% 巧克力拌勻（圖 2）。
3. 再加入步驟 1 拌勻。（圖 3、4）
4. 降溫至 35℃後加入香甜酒拌勻。
5. 冷藏一個晚上，隔天打發備用。

卡士達醬

蛋黃	144g
砂糖	150g
玉米粉	27g
低筋麵粉	27g
蘭特保久乳	600g
香草莢	1/2 根
鐵塔發酵奶油	60g
打發動物鮮奶油	202g

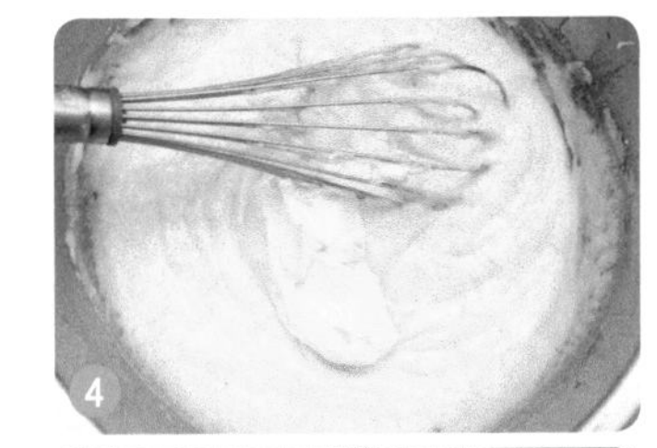

1. 蛋黃、砂糖、玉米粉、低筋麵粉拌勻備用。(圖 1)
2. 蘭特保久乳、香草莢煮滾(圖 2),沖入步驟 1 拌勻(圖 3)。
3. 小火加熱至濃稠後,加入奶油拌勻。(圖 4)
4. 冷藏降溫後加入打發的動物鮮奶油拌勻。(圖 5、6)

柚子果醬

葡萄柚果肉連皮	300g
砂糖①	155g
砂糖②	50g
鹿角菜膠	0.5g
吉利丁片	3g

1. 葡萄柚果肉連皮用滾水川燙 6 ~ 7 次至不苦澀,切小丁與砂糖①煮到收汁(圖 1、2)。
2. 再加入砂糖②、鹿角菜膠拌勻,冷藏備用。(圖 3)

組合

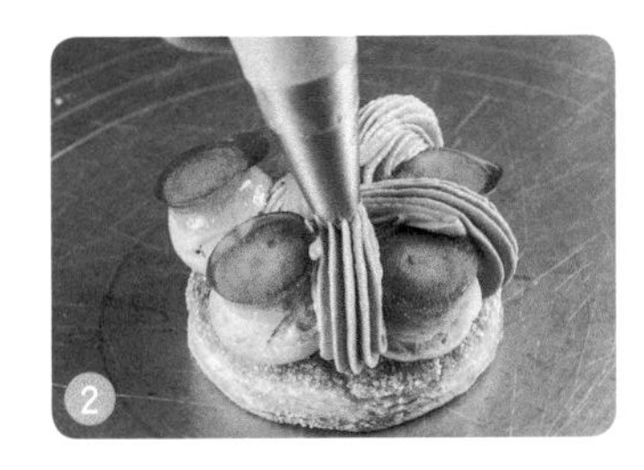

1. 千層派皮中間擠入柚子果醬,將灌入卡士達並沾上焦糖的泡芙圍在外圈。(圖 1)
2. 在泡芙與泡芙之間,以及最上層擠上黑醋栗香緹裝飾即可。(圖 2)

燒菓子

此款點心源自費南雪（Financier）蛋糕，據說是巴黎的一位糕餅師傅，為了讓在證交所上班的忙碌金融家，也能快速品嘗下午茶而發明的一種甜點，由於造型細長，就像存放在銀行裡的金磚一樣，因此也稱為金磚蛋糕。

材料 & 作法

蛋糕體

鐵塔發酵奶油	350g	砂糖	450g	低筋麵粉	200g
全蛋	52g	葡萄糖漿	25g	杏仁粉	200g
蛋白	250g				

1. 奶油煮到焦化後備用。（圖 1）
2. 另取一鍋將砂糖、杏仁粉拌勻。（圖 2）
3. 再加入蛋白、全蛋拌勻。（圖 3）
4. 接著加入過篩低筋麵粉、葡萄糖漿拌勻。（圖 4、5）

5. 將步驟 1 沖入步驟 4 拌勻。（圖 6、7）
6. 冷藏 4 小時備用。

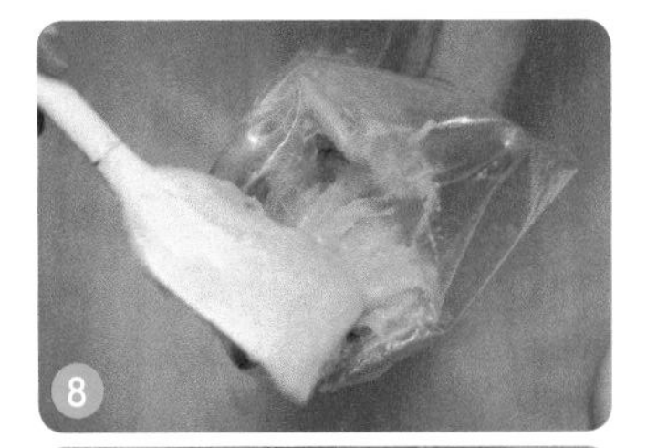

7. 裝入擠花袋擠入模（圖 8、9），以上火 200℃ / 下火 180℃，烤約 20～25 分鐘。（圖 10）

伯爵奶茶

這款點心的靈感正如其名，來自夜市經常人手一杯的飲料——珍珠奶茶，
屬於凍飲的口感，搭配表面的伯爵巧克力泡泡，
是一款相當值得嘗試的特色點心。

材料 & 作法

伯爵巧克力

蘭特保久乳	500g
伯爵茶包	15g
坦尚尼亞75%巧克力	50g
安珀爪哇36%巧克力	50g
吉利丁片	1.25g

1. 蘭特保久乳煮滾後，加入伯爵茶包悶5分鐘，取出茶包後沖入巧克力拌勻。（圖1、2）
2. 加入泡軟的吉利丁片拌勻。（圖3）
3. 裝杯至7分滿，冷藏備用。（圖4）

伯爵奶泡

蘭特保久乳	100g
伯爵茶包	7g
總統動物鮮奶油	400g
可可芭瑞 29%巧克力	60g

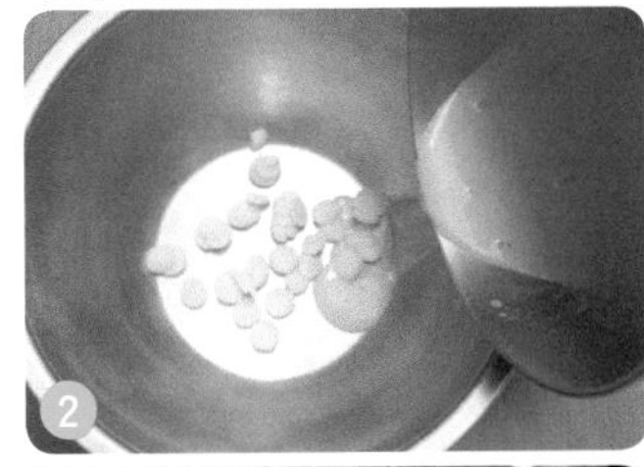

1. 蘭特保久乳煮滾後，加入伯爵茶包悶5分鐘，取出茶包後沖入動物鮮奶油再次煮滾。（圖1）
2. 步驟1沖入可可芭瑞29%巧克力拌勻。（圖2、3）
3. 冷卻打微發備用。（圖4）

組合

伯爵茶葉	適量

1. 取出冷藏的伯爵巧克力杯，輕輕澆淋上伯爵奶泡至9分滿。（圖1～3）
2. 在杯緣撒上伯爵茶葉裝飾即可。（圖4）

抹茶千層

千層蛋糕是以法國傳統點心「薄餅（Crepes）」為靈感延伸而來的一款點心，
以一層薄餅、一層內餡交錯堆疊而成。
這個配方以抹茶、紅豆帶出日式點心的風味，
輕薄 Q 彈的餅皮有著淡淡茶香，自製的紅豆奶油餡則甜而不膩，
層層堆疊、交織成迷人優雅的滋味。

材料 & 作法

薄餅

芥花油	80g
鐵塔發酵奶油	80g
抹茶粉	20g
全蛋	468g
砂糖	80g
鹽	2g
蘭特保久乳	150g
總統動物鮮奶油	250g
低筋麵粉	200g

1. 芥花油、奶油加熱，加入抹茶粉拌勻備用。（圖 1～3）
2. 另將全蛋、砂糖、鹽拌勻，依序加入蘭特保久乳、動物鮮奶油、低筋麵粉拌勻。（圖4～6）

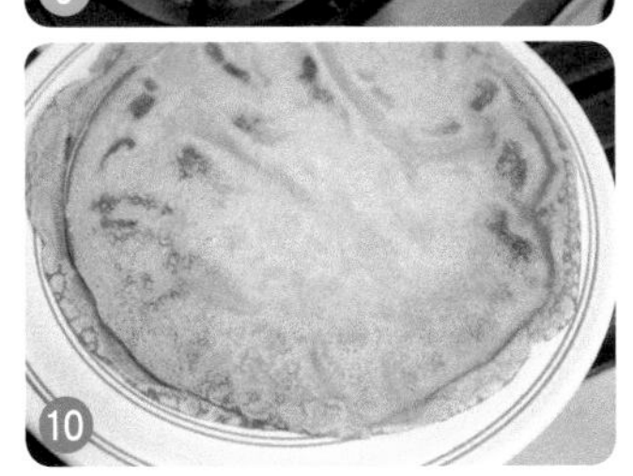

3. 將步驟 1 加入步驟 2 拌勻成麵糊。（圖7、8）
4. 用平底鍋將麵糊煎成一張張薄餅備用。（圖 9、10）

紅豆奶油餡

總統動物鮮奶油	400g
卡士達 (作法請參考 p.71)	375g
紅豆餡	200g

1. 動物鮮奶油打發與卡士達拌勻。（圖 1）
2. 再加入紅豆餡拌勻即可。（圖 2、3）

組合

・取一張餅皮抹上一層紅豆奶油餡，再疊一張餅皮、抹餡，重複至想要的高度即可。

法式水果軟糖

法式軟糖（Pâte de fruits），是法式甜點的一種，是用新鮮水果、砂糖加上果膠熬煮，倒入模具冷卻成型後，切割成方形的軟糖。最初是法國人為了保存水果研製而成，可說是果醬概念的延伸，因此也被稱為乾果醬，不管是直接食用或沖泡成果茶都十分受歡迎。

材料 & 作法

軟糖

百香果果泥	500g	海藻糖	250g	軟糖專用果膠粉	5g
葡萄糖漿	50g	鹽	3g	砂糖②	100g
砂糖①	200g			砂糖③	適量

1. 百香果果泥、葡萄糖漿、砂糖①、海藻糖、鹽煮到 100℃。（圖 1）
2. 軟糖專用果膠粉與砂糖②拌勻。（圖 2）

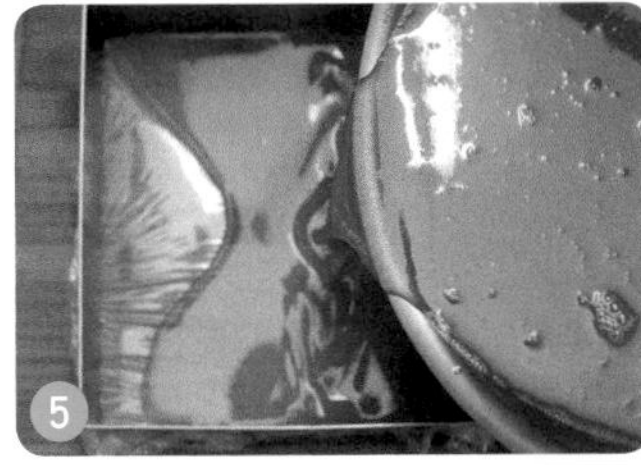

3. 將步驟 2 加入步驟 1，再以小火煮到 108℃。（圖3）
4. 入模，待冷藏冰硬。（圖 4～6）

5. 切成長方塊，表面沾上砂糖③即可。（圖 7～9）

巧克力系列

布朗尼
沙哈蛋糕
金莎捲
熔岩巧克力
莫札特
皇家巧克力塔
生巧克力塔

布朗尼

布朗尼（Brownie）的名字來自它巧克力色（brown）的外觀，比蛋糕扎實卻又比餅乾鬆軟的口感，有著自成一格的特殊風味，是美國家庭中常見的自製點心之一，也深獲一般人的喜愛。

這個配方採用兩種不同比例及產區的巧克力，呈現出高雅豐富的滋味，推薦給巧克力愛好者。

材料 & 作法

布朗尼

蛋黃	51g
二砂①	52g
鐵塔發酵奶油	180g
坦尚尼亞 75% 巧克力	70g
安珀爪哇 36% 巧克力	20g
低筋麵粉	80g
蛋白	105g
二砂②	103g
核桃	70g

1

2

1. 蛋黃、二砂①以中速攪拌打發。（圖 1）
2. 奶油、巧克力隔水加熱融化。（圖 2）

3

4

3. 步驟 2 加入過篩的低筋麵粉拌勻。（圖 3）
4. 再將步驟 1 加入拌勻。（圖 4）

5

6

7

8

9

5. 另將蛋白加入二砂②，中速攪拌至濕性發泡。（圖 5）
6. 步驟 5 與步驟 4 拌勻。（圖 6、7）
7. 入模，撒上核桃。（圖 8）
8. 上火 170℃ / 下火 170℃，烤 35 ～ 40 分鐘即可。（圖 9）

沙哈蛋糕

沙哈蛋糕有近兩百年歷史，被譽為奧地利的國寶，是維也納的代表性甜點，就像維也納金色大廳、華爾茲一樣，是不可或缺的象徵之一。
沙哈蛋糕的主要特色之一，在於鬆軟的巧克力蛋糕中夾著杏桃果醬，表面再覆蓋一層濃郁的甘納許，最適合悠閒的午後搭配莫札特的音樂一起享用。

材料 & 作法

蛋糕體

總統無鹽奶油	80g
轉化糖漿	60g
坦尚尼亞 75% 巧克力	80g
蛋黃	85g
低筋麵粉	64g
蛋白	175g
砂糖	60g

1. 奶油、轉化糖漿、巧克力隔水加熱融化拌勻。(圖 1、2)
2. 加入蛋黃拌勻(圖 3)。

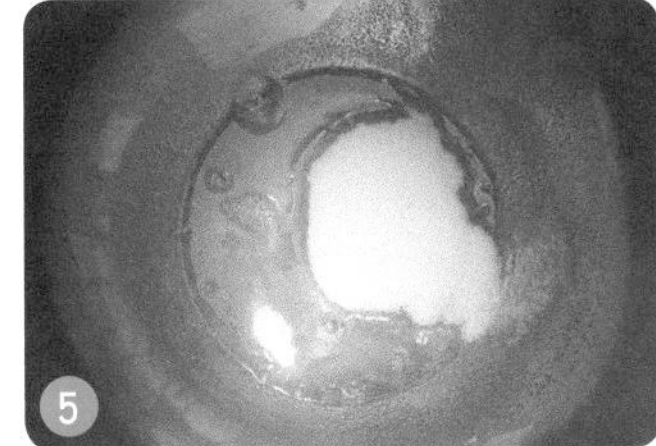
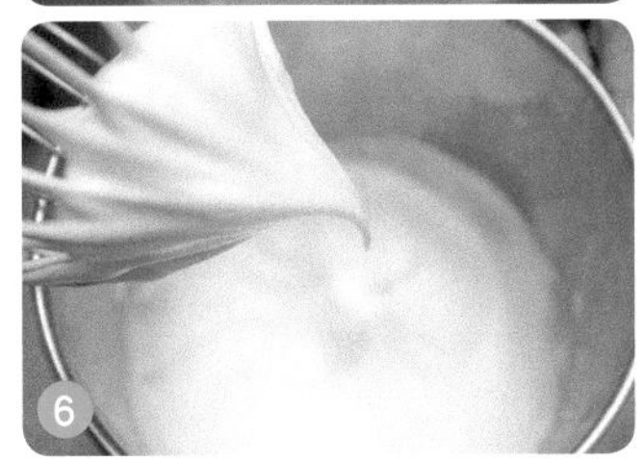

3. 再加入過篩低筋麵粉拌勻(圖 4)。
4. 另將蛋白、砂糖中速攪拌至濕性發泡(圖 5、6)。

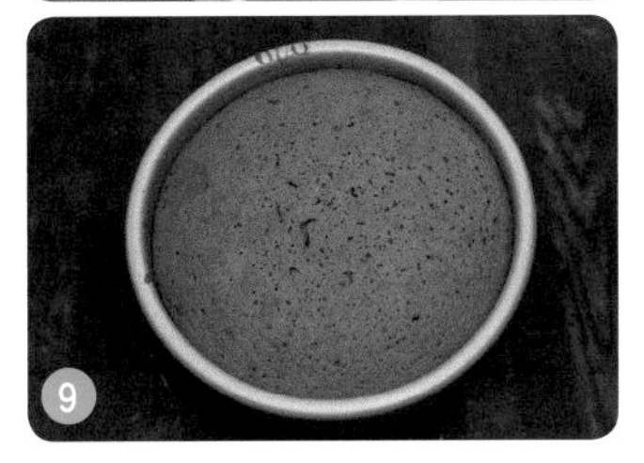

5. 步驟 4 加入步驟 3 中拌勻。(圖 7、8)
6. 入模,以上火 170℃ / 下火 170℃,烤約 35~40 分鐘即可。(圖 9)

杏桃內餡

杏桃乾	50g
杏桃果泥	50g
杏桃醬	50g
水	10g

1. 杏桃乾切丁,加入其他材料一起拌煮。(圖 1~2)
2. 煮至濃稠收汁即可。(圖3)

材料 & 作法

甘納許

鮮奶	120g
坦尚尼亞75%巧克力	150g
總統無鹽奶油	34g
蘭姆酒	5g

1. 將鮮奶加熱。(圖1)
2. 加入巧克力拌勻。(圖2)
3. 再加入軟化奶油拌勻。(圖3)
4. 待降溫到35℃，再加入蘭姆酒拌勻。(圖4)

組合

1. 蛋糕體橫剖。(圖1)
2. 中間及外圍抹上杏桃餡。(圖2、3)
3. 再淋上甘納許即可。(圖4、5)

金莎捲

包覆著濃郁巧克力慕斯的蛋糕捲，沾上酥香的杏仁角，再淋上榛果醬，這款以知名的金莎巧克力為概念所設計的甜點，是原麥森林的高人氣常態商品之一。

材料 & 作法

巧克力蛋糕

芥花油	100g	低筋麵粉	180g	砂糖	180g
可可芭瑞可可粉	33g	蛋黃	130g	鹽	2g
開水	140g	蛋白	240g		

1. 芥花油加可可芭瑞可可粉拌勻，再加入開水拌勻。（圖 1～3）
2. 低筋麵粉過篩加入拌勻，最後再加入蛋黃拌勻備用。（圖 4、5）

3. 另將蛋白攪拌至起泡後，加入砂糖、鹽，中速攪拌至濕性發泡。（圖 6）
4. 將步驟 3 加入步驟 2 拌勻。（圖 7、8）

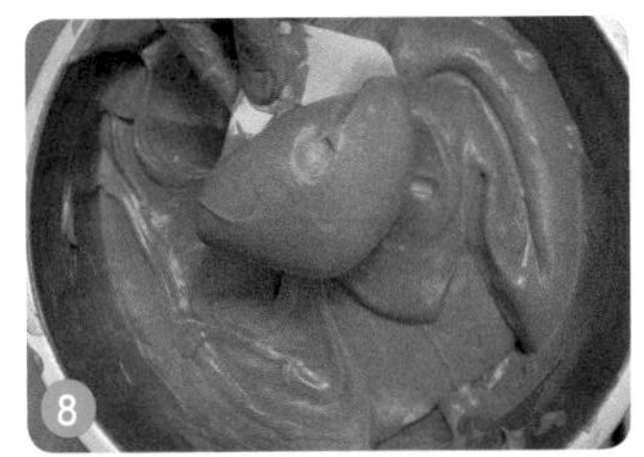

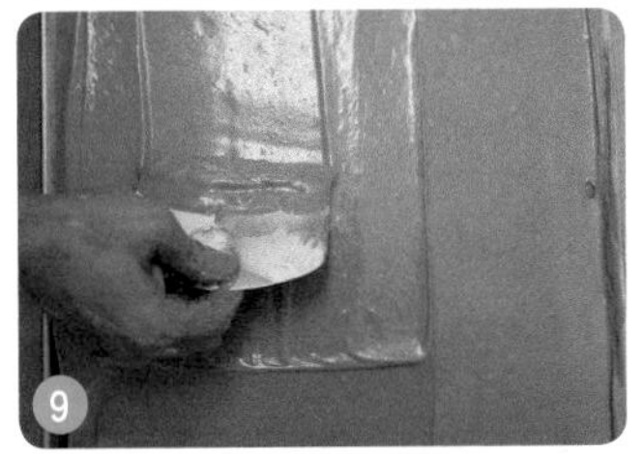

5. 倒入長方形烤盤抹平，以上火 200℃ / 下火 110℃，烤約 16 分鐘。（圖 9）
6. 出爐後撕去烤焙紙備用。（圖 10）

材料 & 作法

巧克力慕斯

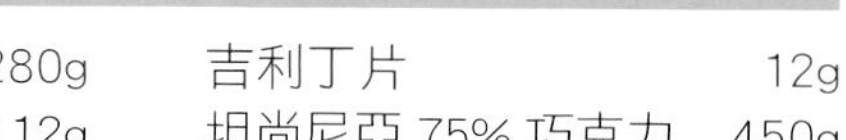

蘭特保久乳	280g
蛋黃	112g
砂糖	6g
吉利丁片	12g
坦尚尼亞 75% 巧克力	450g
總統動物鮮奶油	630g

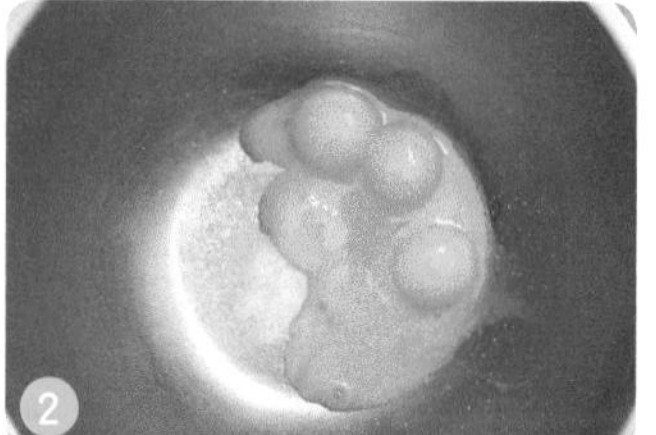

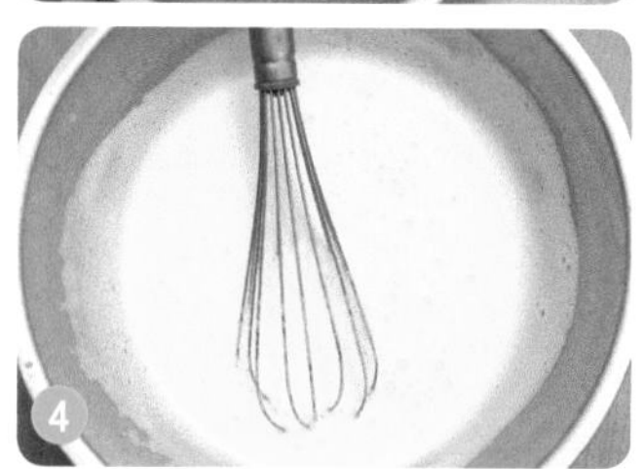

1. 先將吉利丁片放入冰水裡泡軟、動物鮮奶油打發備用。
2. 蘭特保久乳加熱至 60℃，沖入蛋黃、砂糖裡拌勻過濾，再隔水加熱至 82℃後打發（煮成沙巴勇）。（圖 1～4）

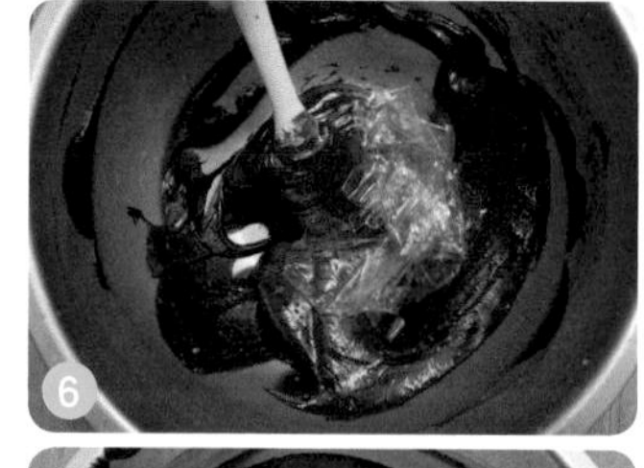

3. 加入坦尚尼亞 75% 巧克力拌勻。（圖 5）
4. 再加入泡軟吉利丁片拌勻。（圖 6）
5. 等待溫度下降至 35℃，再加入打發的動物鮮奶油拌勻。（圖 7、8）

榛果淋面

總統動物鮮奶油	500g
葡萄糖漿	100g
杏桃果膠	100g
吉利丁片	22g

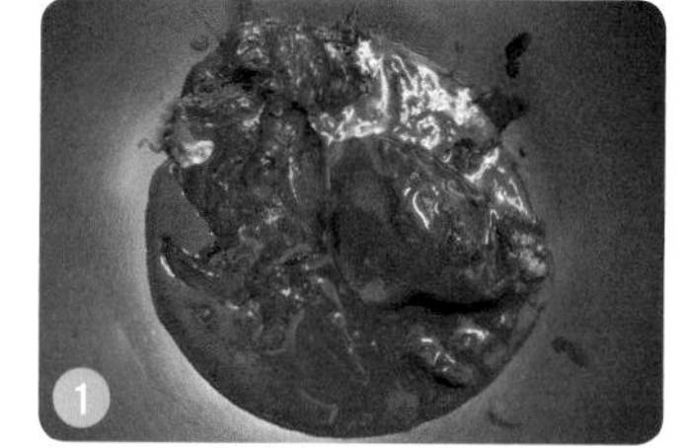

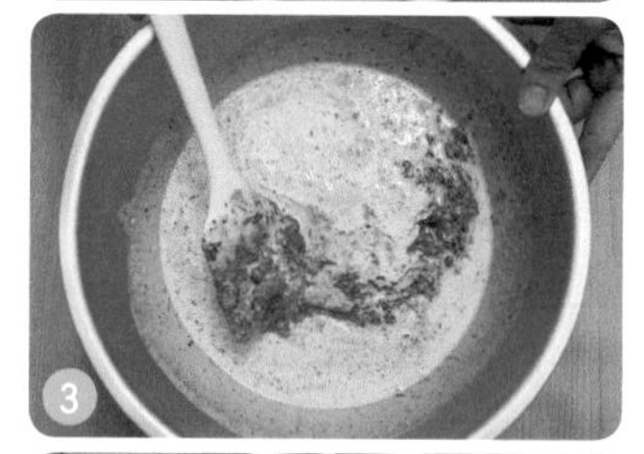

1. 葡萄糖漿、杏桃果膠、坦尚尼亞 75% 巧克力、無糖榛果醬、含糖榛果醬置於鍋中。（圖 1）
2. 動物鮮奶油煮滾（圖 2），加入步驟 1 拌勻（圖 3），用均質機攪拌降溫至 60℃（圖 4）。

榛果淋面

坦尚尼亞75%巧克力	300g
無糖榛果醬	100g
含糖榛果醬	100g

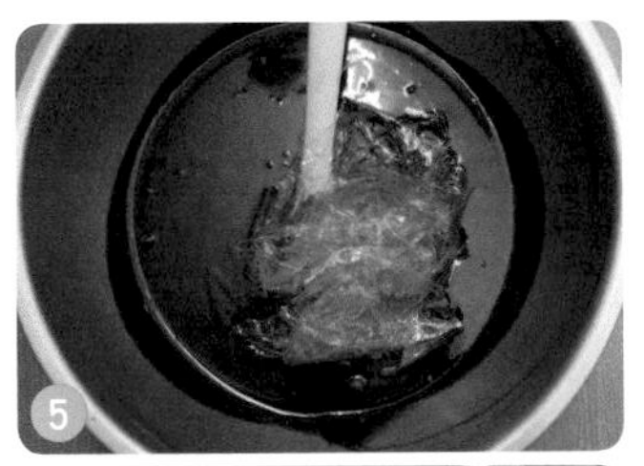

3. 加入泡軟的吉利丁片。（圖5）
4. 拌勻備用。（圖6）

組合

黑櫻桃	適量
打發鮮奶油	適量
裝飾—熟杏仁角	適量

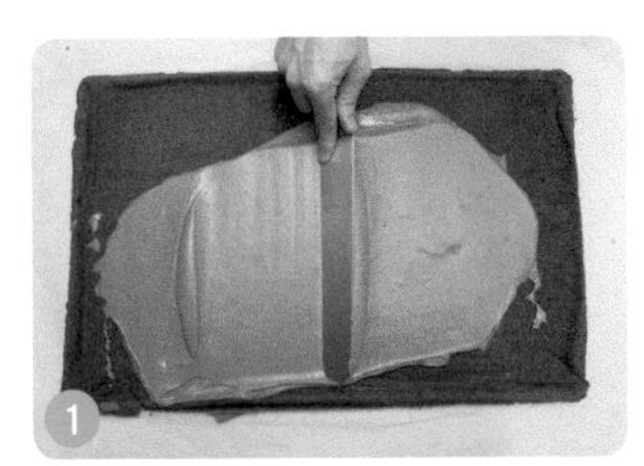

1. 蛋糕片上均勻抹上一層巧克力慕斯。（圖1）
2. 撒上適量黑櫻桃。（圖2）

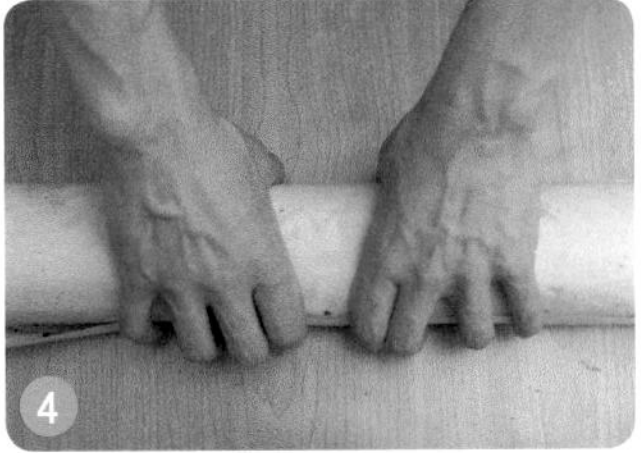

3. 捲成蛋糕捲。（圖3～5）
4. 外圍抹上打發鮮奶油，再撒上杏仁角，淋上榛果淋面即可。（圖6）

熔岩巧克力

在法式巧克力小蛋糕裡偷偷藏入一顆生巧克力，
當切開蛋糕的剎那，濃郁的巧克力醬如火山熔漿緩緩流下，
視覺與味覺的雙重享受，是一款讓巧克力控為之瘋狂的點心。

材料 & 作法

巧克力內餡

坦尚尼亞 75% 巧克力 200g

總統動物鮮奶油 300g

1. 動物鮮奶油煮滾後，沖入巧克力拌勻。（圖 1～4）

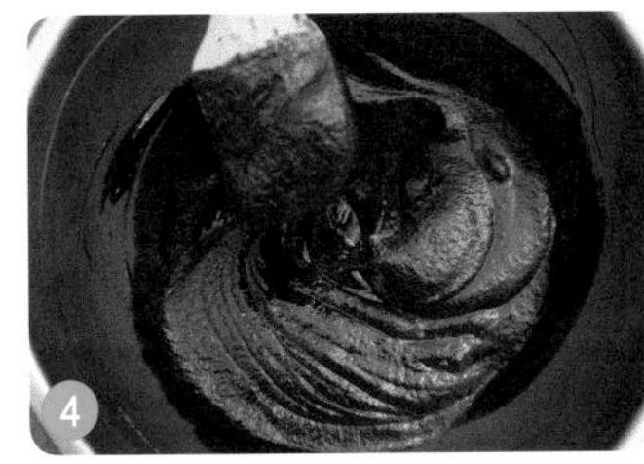

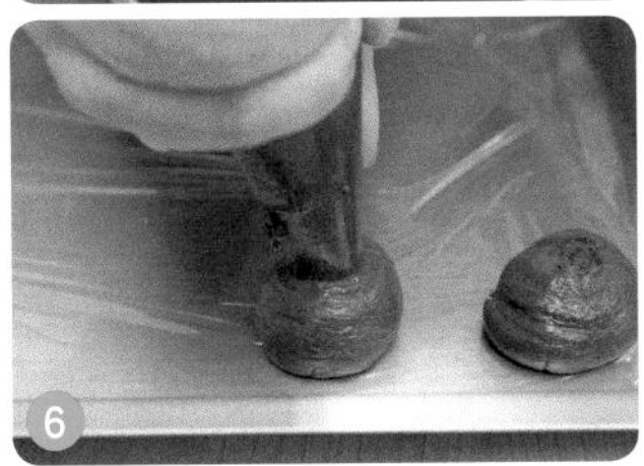

2. 隔冰水冷卻後，裝入擠花袋擠成一個個松露狀，冷凍備用。（圖 5、6）

蛋糕體

坦尚尼亞 75% 巧克力	200g
總統無鹽奶油	160g
砂糖	80g
全蛋	210g
低筋麵粉	80g

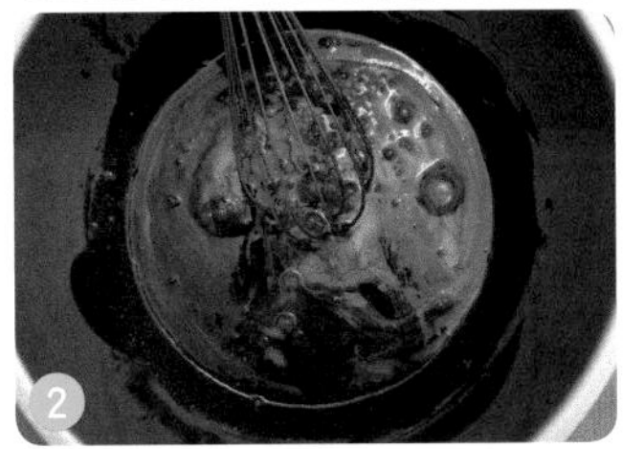

1. 坦尚尼亞 75% 巧克力和奶油隔水融化拌勻。（圖 1）
2. 全蛋和砂糖拌勻後再加入步驟 1 拌勻。（圖 2）
3. 最後加入過篩的低筋麵粉拌勻。（圖 3、4）
4. 將步驟 3 裝入擠花袋，先在烤模內擠一層麵糊，然後放入冷凍好的巧克力內餡，再擠一層麵糊在內餡上，以上火 200℃ / 下火 200℃，烤定型即可。

莫札特

莫札特巧克力，是一種包裝紙印上印有莫札特肖像的巧克力甜點，1890 年時由薩爾斯堡的皇家糕點師經過長時間的研發後，以該城市出生的音樂家沃夫岡．阿瑪迪斯．莫札特命名，如今到奧地利的觀光客幾乎都會特地找機會品嘗。本款點心則是以莫札特巧克力為靈感，以濃郁巧克力為主軸的淋面蛋糕。

材料 & 作法

巧克力戚風

低筋麵粉	216g	開水	175g	砂糖	216g
芥花油	120g	蛋黃	163g	鹽	3g
可可芭瑞可可粉	31g	蛋白	288g		

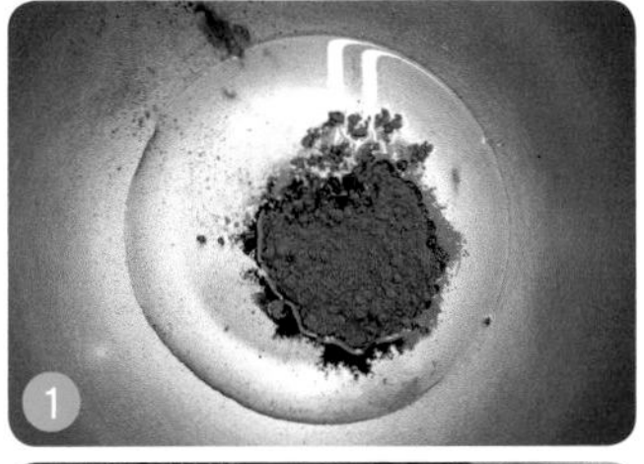

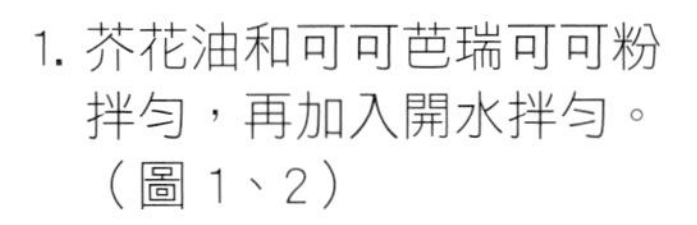

1. 芥花油和可可芭瑞可可粉拌勻，再加入開水拌勻。（圖 1、2）
2. 加入低筋麵粉、蛋黃拌勻備用。（圖 3）
3. 另將蛋白攪拌至起泡後，加入砂糖、鹽，中速攪拌至濕性發泡。（圖 4）
4. 將步驟 3 加入步驟 2 中拌勻。（圖 5）
5. 入模，以上火 200℃ / 下火 160℃，烤約 16 分鐘左右。（圖 6）

巧克力醬

總統動物鮮奶油	216g	可可芭瑞可可粉	105g
水	120g	杏桃果膠	220g
砂糖	240g	吉利丁片	14g

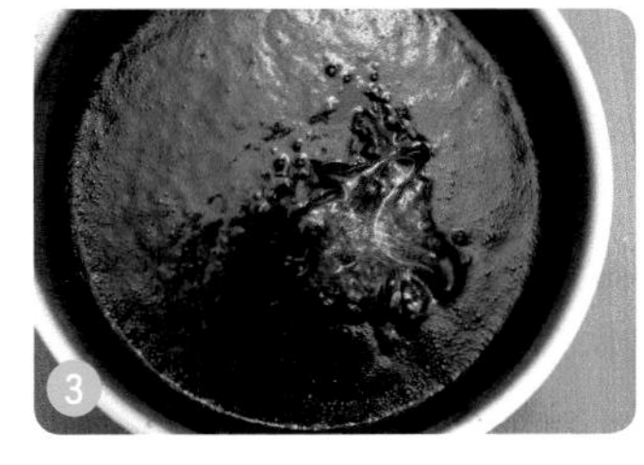

1. 動物鮮奶油、水、砂糖、杏桃果膠拌勻煮滾，約 1 分鐘離火。（圖 1）
2. 加入可可芭瑞可可粉（圖 2）、泡軟的吉利丁片（圖 3）拌勻，冷藏備用。

巧克力內餡

總統動物鮮奶油	500g
安珀爪哇 36% 巧克力	150g

1. 動物鮮奶油煮滾後，沖入巧克力拌勻。
2. 冷卻至濃稠備用。

組合

・蛋糕橫剖兩刀成 3 片，中間夾層與外圍抹上巧克力內餡，最後淋上巧克力醬即可。

皇家巧克力塔

在可可風味的餅乾底上，填滿巧克力乳酪餡，再披覆一層苦甜巧克力甘納許，是一款能吃到多層次巧克力風味的點心。

材料 & 作法

巧克力餅乾底

奇福餅乾粉	475g	可可芭瑞可可粉	200g
糖粉	223g	總統無鹽奶油	275g

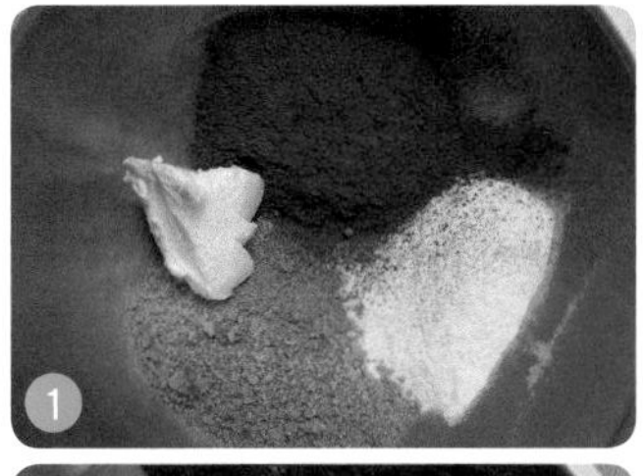

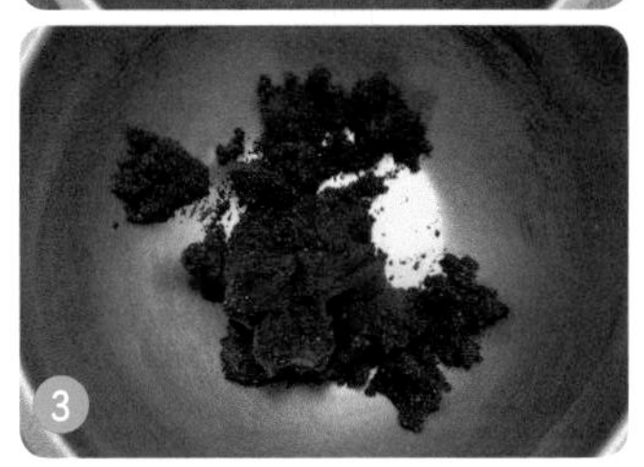
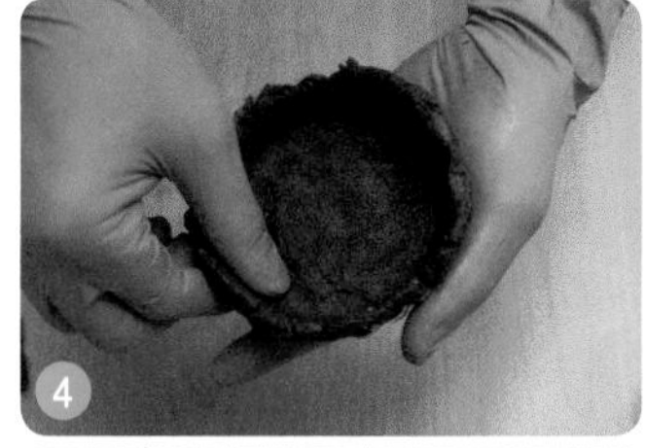

1. 所有材料一起拌勻。（圖 1～3）
2. 入模捏成塔皮。（圖 4）
3. 上火 180℃ / 下火 180℃，烤 12 分鐘左右。（圖 5）

起司巧克力內餡

總統動物鮮奶油	154g
總統無鹽奶油	24g
安珀爪哇 36% 巧克力	220g
奶油乳酪	528g

1. 動物鮮奶油加奶油乳酪煮滾煮融，再加入巧克力拌勻。（圖 1）
2. 放涼備用。（圖 2）

巧克力醬

總統動物鮮奶油	570g	鹽	2.5g
香草莢	1/4 根	坦尚尼亞 75% 巧克力	430g
全蛋	190g		

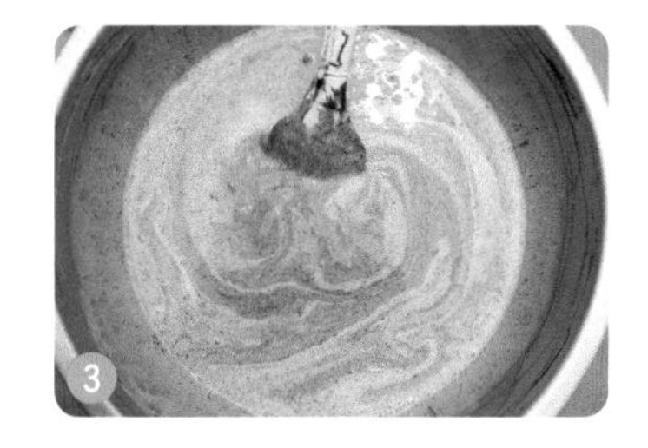

1. 動物鮮奶油與香草莢煮滾，沖入全蛋與鹽拌勻。（圖 1）
2. 步驟 1 沖入巧克力中拌勻，放涼備用。（圖 2、3）

組合

可可芭瑞可可粉	適量

1. 塔皮裡填入起司巧克力內餡冷藏備用。（圖 1）
2. 在凝固的內餡上擠上巧克力醬（圖 2），均勻撒上可可芭瑞可可粉即可。

生巧克力塔

將四紅果茶與高脂巧克力巧妙結合，巧克力裡蘊涵著莓果氣息，當冰涼的巧克力塔在口中化開，微苦、濃醇及莓果香在口腔縈繞，是一款迷人且高雅的點心。

材料 & 作法

塔皮

糖粉	150g	全蛋	52g	高筋麵粉	250g
總統無鹽奶油	250g	鹽	1g	低筋麵粉	100g

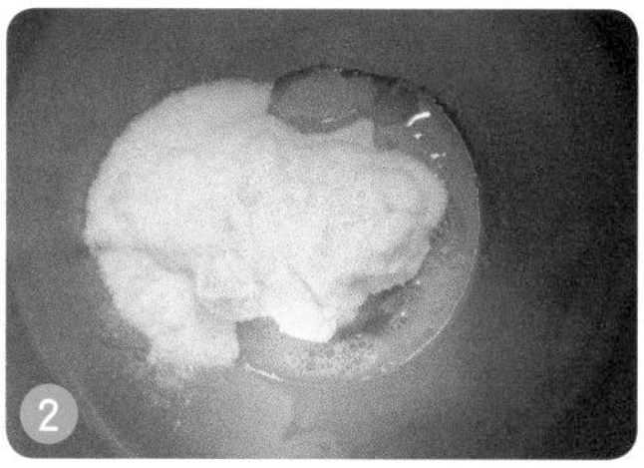

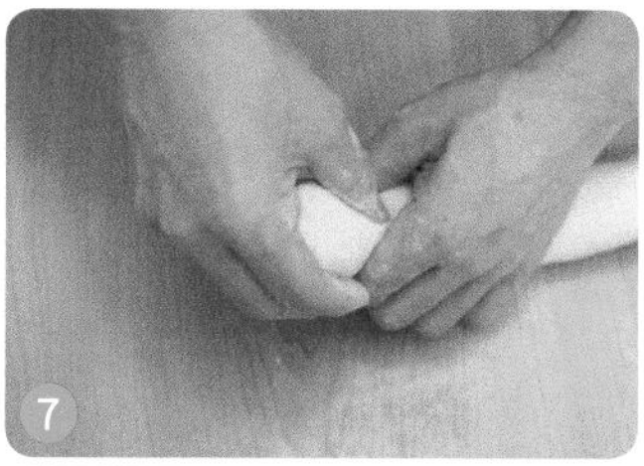

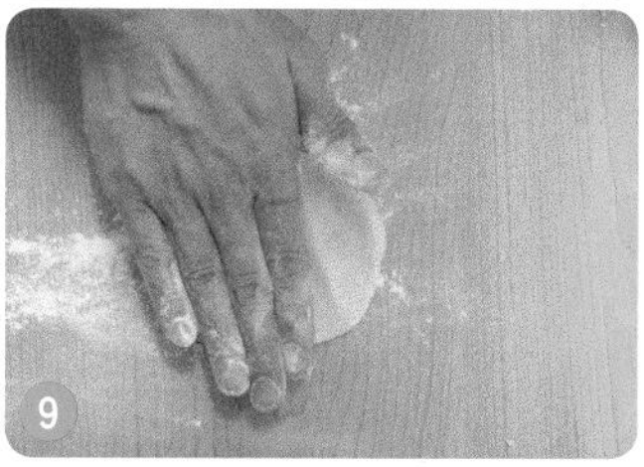

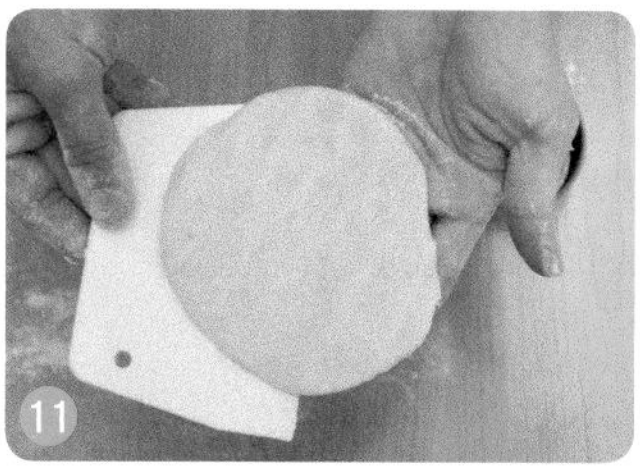

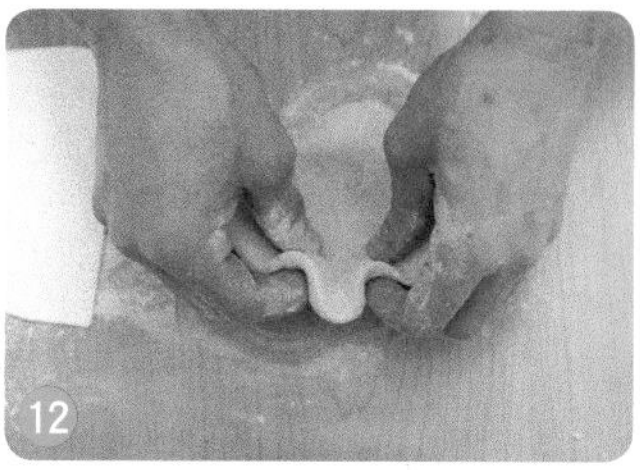

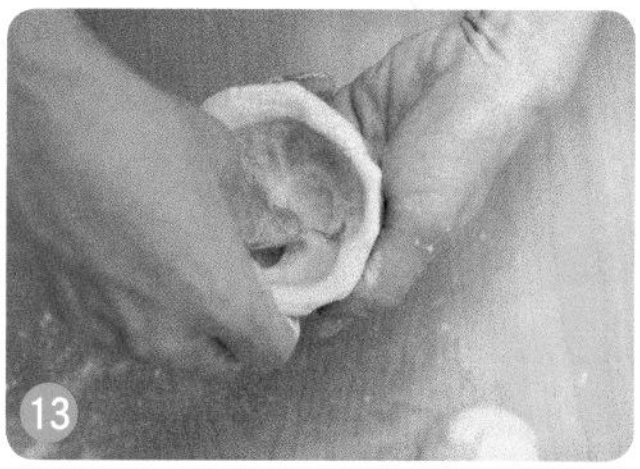

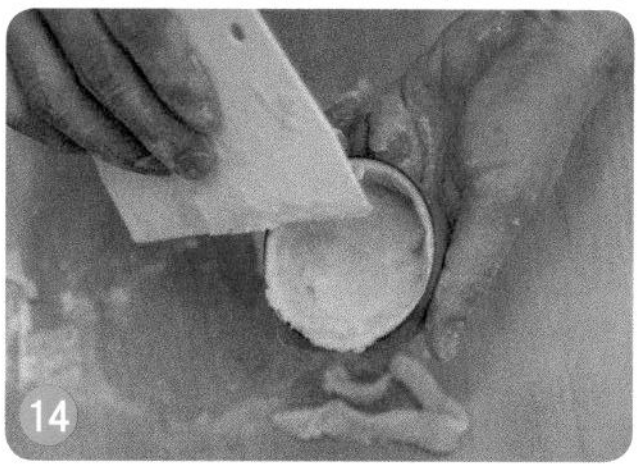

1. 將奶油、糖粉、鹽、全蛋攪拌均勻。（圖 1～3）
2. 加入過篩的粉類攪拌均勻備用。（圖 4、5）
3. 分割，捏成塔皮。（圖6～10）
4. 入模，以上火 170℃ / 下火 170℃烤熟即可。（圖 11～15）

材料 & 作法

巧克力果茶內餡

材料	份量
四紅果茶	20g
水	100g
坦尚尼亞 75% 巧克力	450g
總統無鹽奶油	100g
總統動物鮮奶油	360g
葡萄糖漿	80g

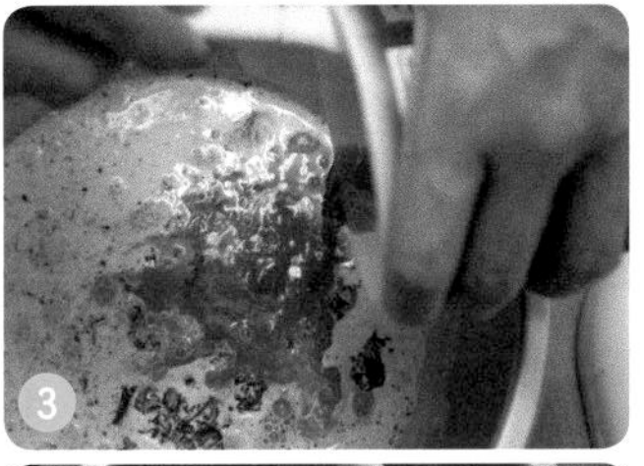

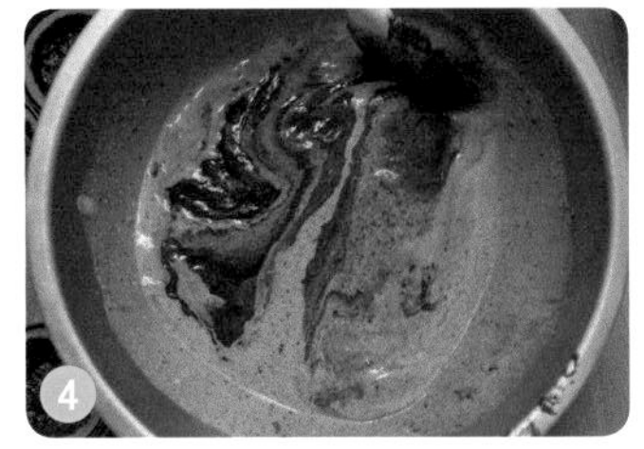

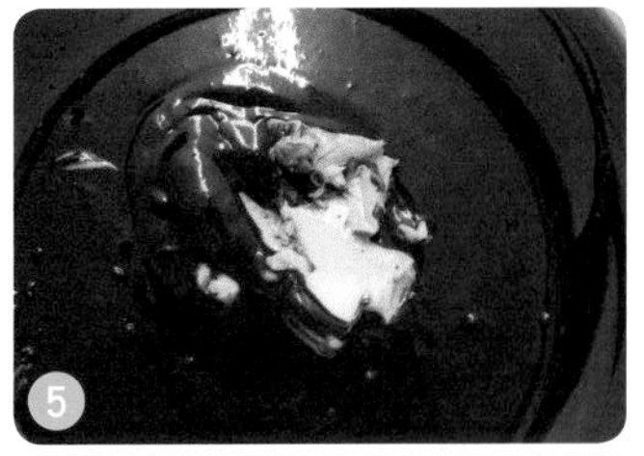

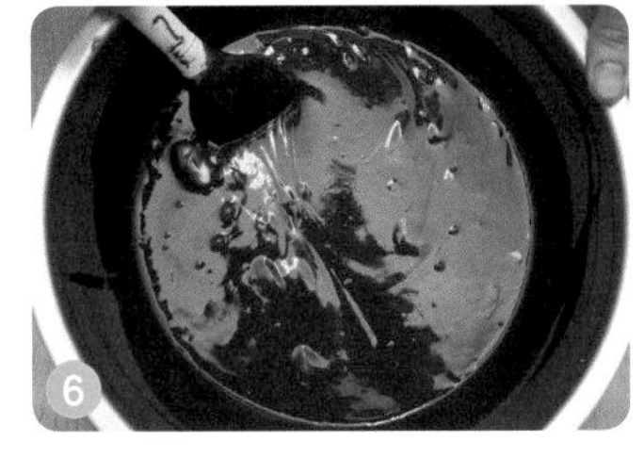

1. 水滾後放入四紅果茶，浸泡 5 分鐘備用。
2. 動物鮮奶油煮滾，沖入葡萄糖漿和巧克力中拌勻。（圖 1、2）
3. 將步驟 1 的四紅果茶倒入步驟 2 拌勻。（圖 3、4）
4. 降溫至 45℃後，再加入奶油拌勻備用。（圖 5、6）

組合

材料	份量
巧克力醬 （作法請參考 p.95）	適量

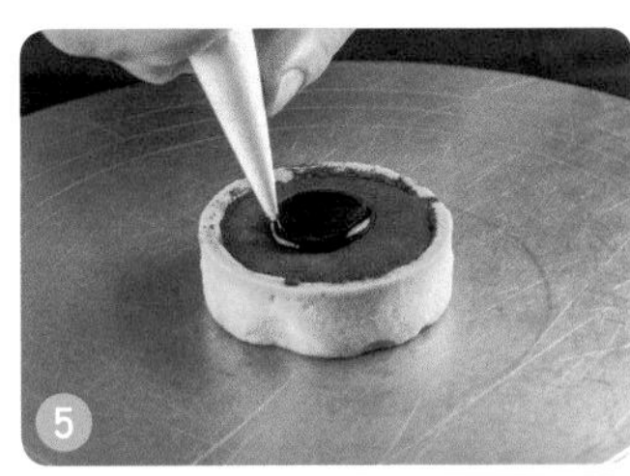

1. 塔內塗上一層薄巧克力醬。（圖 1、2）
2. 填滿內餡，冷藏冰硬。（圖 3、4）
3. 待內餡冰凍凝固，再擠上一層巧克力醬裝飾。（圖 5、6）

乳酪系列

日式乳酪
日耳曼起司
紐約乳酪
長崎乳酪蛋糕
雪白乳酪蛋糕
法式起司羅列
提拉米蘇

日式乳酪

以高比例的奶油乳酪所製成的蛋糕，
有著濃郁乳酪風味及清香的檸檬氣息，
喜愛乳酪蛋糕的朋友，一定要試試這款蛋糕。

材料 & 作法

餅乾底

材料	份量
餅乾粉	130g
總統無鹽奶油	35g

・所有材料混合均勻，鋪底備用（一個重 180g）。（圖 1、2）

蛋糕體

材料	份量
蛋白	88g
砂糖①	55g
奶油乳酪	500g
砂糖②	48g
總統無鹽奶油	75g
檸檬汁	8g
檸檬皮屑	1g
總統動物鮮奶油	75g
蛋黃	48g

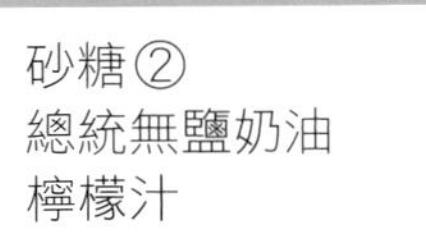

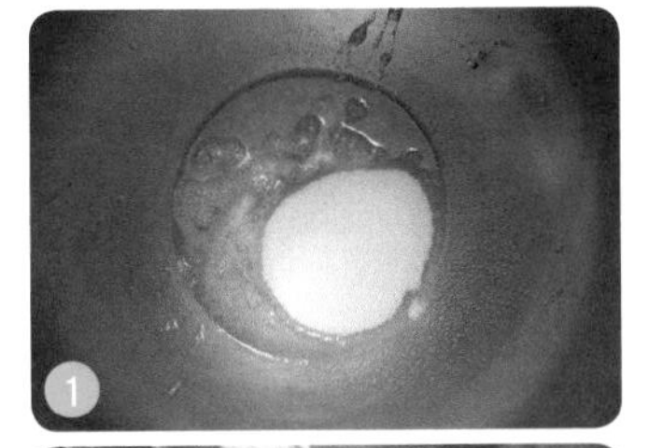

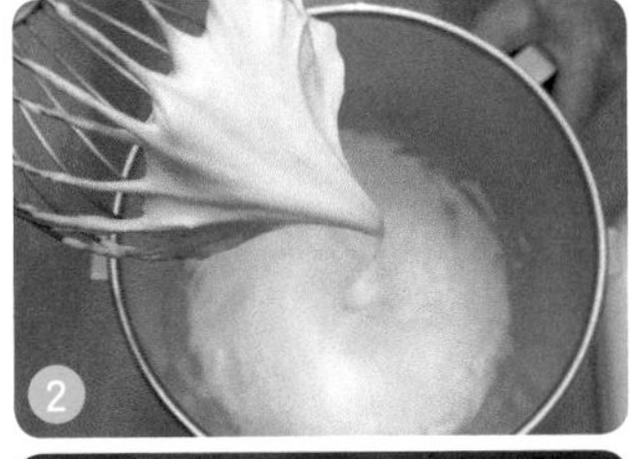

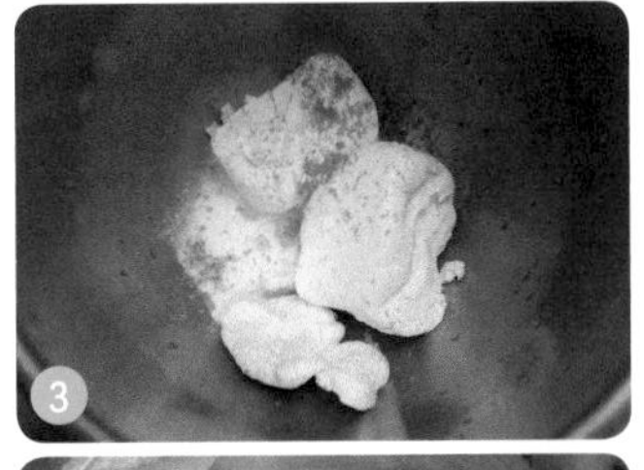

1. 蛋白加砂糖①攪拌至濕性發泡（約 6 分發）備用。（圖 1、2）
2. 另將奶油乳酪、砂糖②、奶油、檸檬汁、檸檬皮屑混合攪拌至軟化均勻。（圖 3、4）

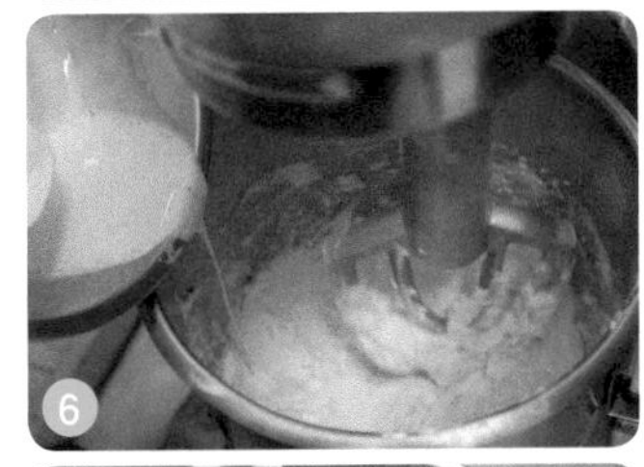

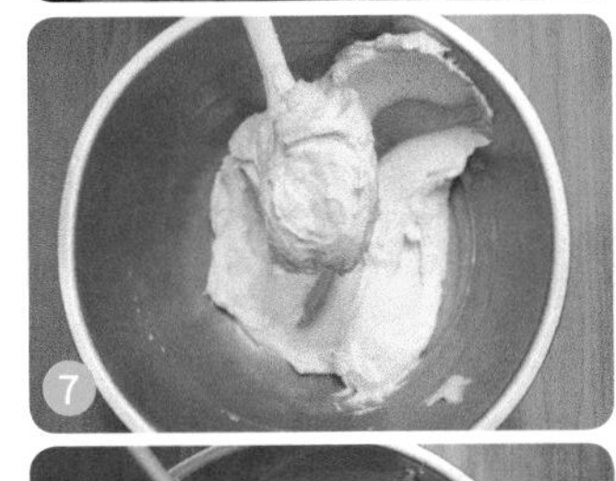

3. 將動物鮮奶油、蛋黃拌勻，分次加入步驟 2 攪拌均勻。（圖 5～7）
4. 步驟 1 加入步驟 3 中拌勻。（圖 8）

5. 倒入鋪好餅乾底的圓形模。（圖 9、10）
6. 以上火 230℃ / 下火 0℃，隔水（放大量冰塊）烤約 30 分鐘至上色，上火降至 180℃，再烤 30 分鐘。
7. 烤到蛋糕體可以脫離模子邊緣即可。（圖 11）

日耳曼起司

此款甜點亦是原麥森林常態人氣商品之一，有四種吃法可以變化選擇：
冷凍過再吃，口感彷彿雪糕；冷藏過再吃，風味濃厚且扎實；
常溫吃，口感濃郁而綿密；烤過再吃，則有半熟乳酪的風味。

材料 & 作法

派皮

材料	份量
糖粉	150g
總統無鹽奶油	250g
全蛋	52g
鹽	1g
高筋麵粉	250g
低筋麵粉	100g

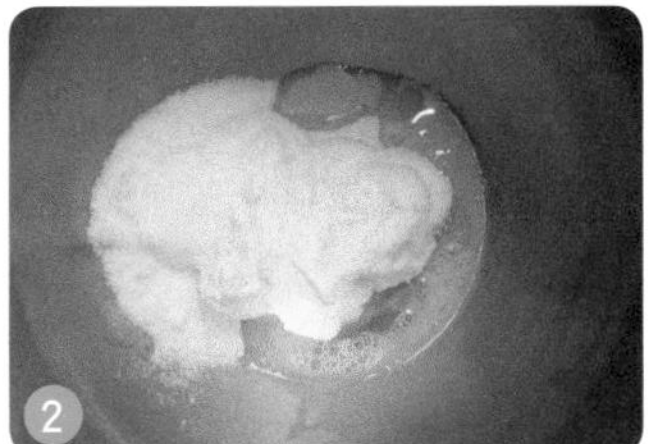

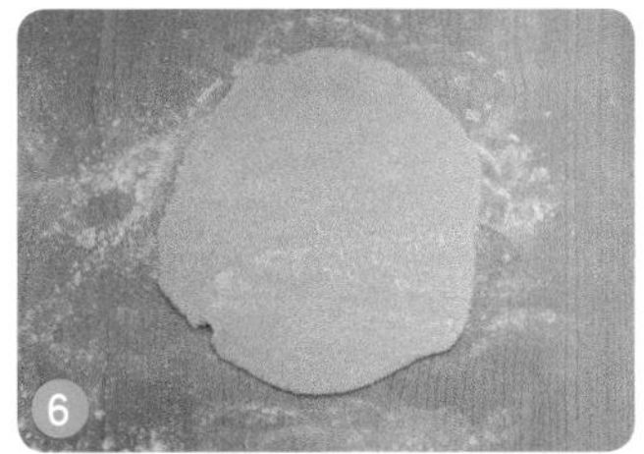

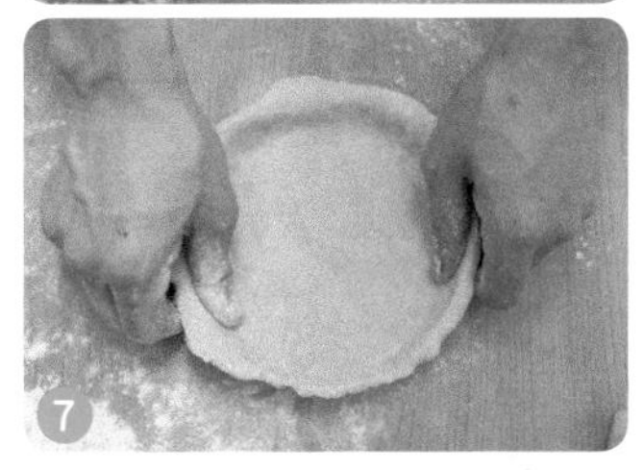

1. 先將糖粉、奶油、全蛋、鹽攪拌均勻。（圖 1～3）
2. 再加入過篩的粉類攪拌均勻成糰。（圖 4、5）
3. 將麵糰擀平，捏成塔皮。（圖 6、7）
4. 以上火 170℃ / 下火 170℃烤 20～24 分鐘。

起司餡

材料	份量
蘭特保久乳	500g
總統動物鮮奶油	250g
總統無鹽奶油	113g
奶油乳酪	165g
全蛋	156g
蛋黃	34g
砂糖	94g
玉米粉	13g
帕馬森起司粉	13g
低筋麵粉	50g

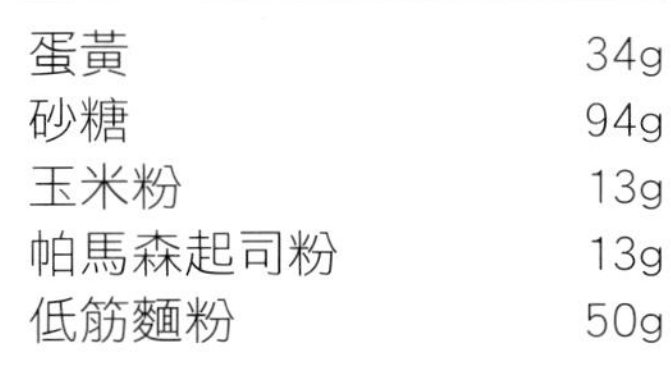

1. 全蛋、蛋黃、砂糖、玉米粉、帕馬森起司粉、低筋麵粉拌勻。（圖 1）
2. 蘭特保久乳、鮮奶油、奶油煮滾，加入奶油乳酪煮到融化後，沖入步驟 1 拌勻。（圖 2、3）

組合

- 將起司餡倒入派皮內，以上火 180℃ / 下火 180℃烤約 40 分鐘即可。

紐約乳酪

起司蛋糕源起於西元前 776 年的古希臘，是為奧林匹克選手增強體力而做的甜點，主要材料為麵粉、蜂蜜和起司，也就是起司蛋糕最早的雛形。
後來隨著羅馬人征服歐洲各地，加入當地食材演化成各種美味的起司蛋糕。並在十九世紀因歐洲人移民北美傳入了美洲，而在美國紐約發揚光大，聞名遐邇。

材料 & 作法

餅乾底

材料	份量
餅乾粉	300g
總統無鹽奶油	150g

- 所有材料混合均勻，鋪底備用（一個重 180g）。（圖 1、2）

起司

材料	份量
奶油乳酪	405g
總統無鹽奶油	27g
砂糖	121g
全蛋	96g
玉米粉	14g
檸檬汁	適量
香草莢	1/2 根
酸奶	25g

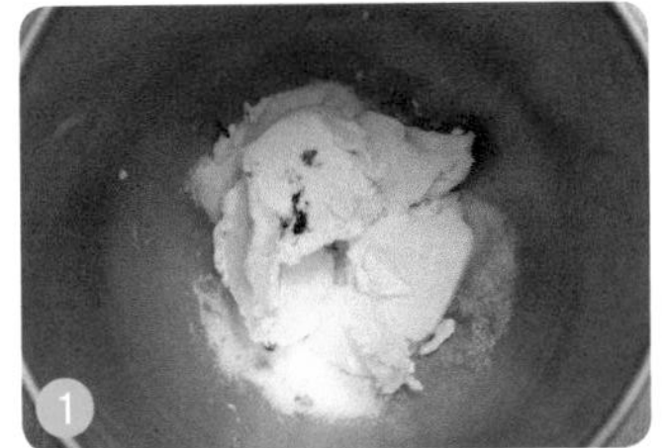

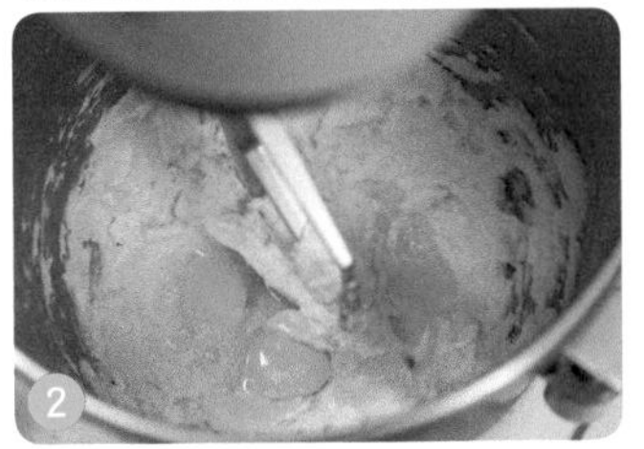

1. 奶油乳酪、奶油加砂糖攪拌至軟化均勻。（圖 1）

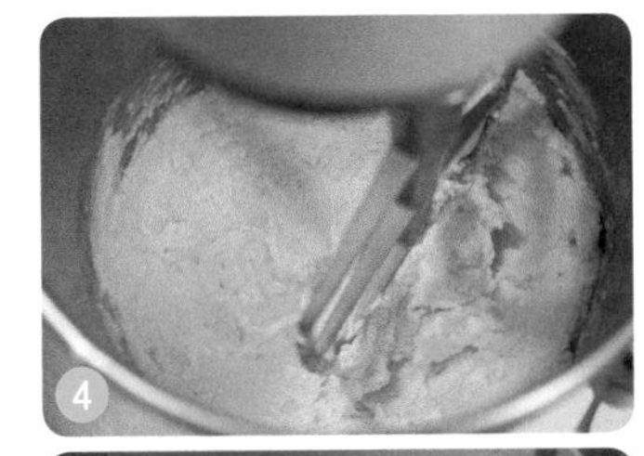

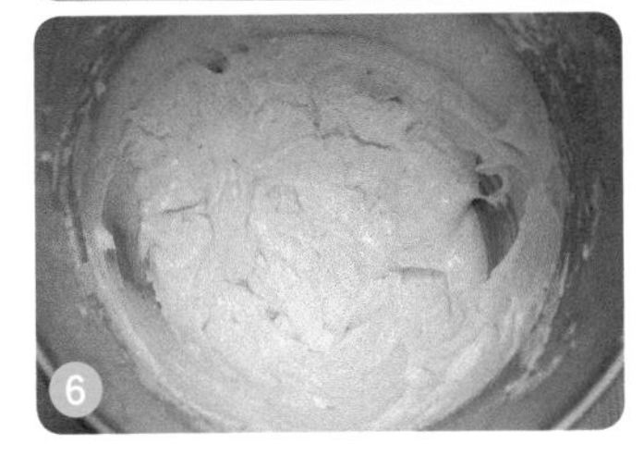

2. 依序加入全蛋、玉米粉、檸檬汁、香草籽、酸奶攪拌均勻。（圖 2 ～ 6）

3. 將步驟 2 倒入鋪好餅乾底的圓模內烤焙。（圖 7、8）
4. 以上火 220℃ / 下火 0℃，隔水（放大量冰塊）烤約 60 分鐘即可。（圖 9）

長崎乳酪蛋糕

這款蛋糕是筆者任職飯店時期，傳承至一位日本老師傅的配方，底餅採用法式風格的酥波蘿來呈現，而蛋糕體則是介於中乳酪與重乳酪之間，口感偏向半熟乳酪，是一款很特別且有紀念性的點心。

材料 & 作法

酥波蘿

總統無鹽奶油	100g
二砂	100g
高筋麵粉	100g
低筋麵粉	100g

1. 所有材料拌勻。
2. 平鋪在烤模內，以上火 180℃ / 下火 180℃烤至上色即可。

蛋糕體

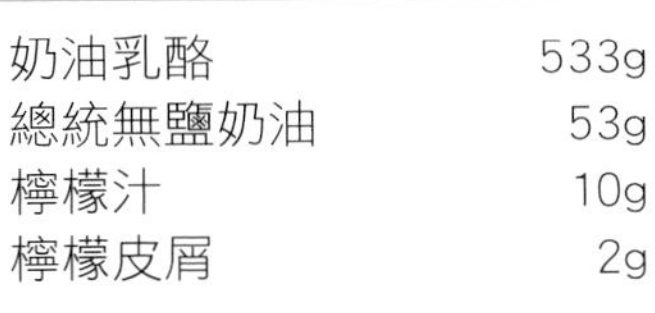

聖安諾卡士達 （作法請參考 p.71）	96g
鹽	1g
砂糖①	70g
奶油乳酪	533g
總統無鹽奶油	53g
檸檬汁	10g
檸檬皮屑	2g
蘭特保久乳	266g
吉利丁片	7.5g
蛋白	113g
砂糖②	57g

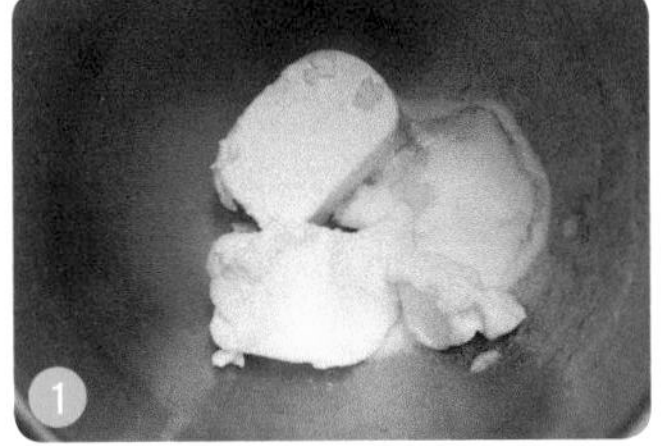
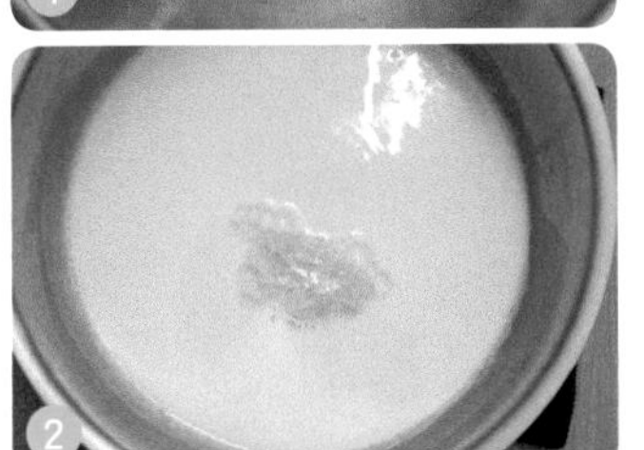
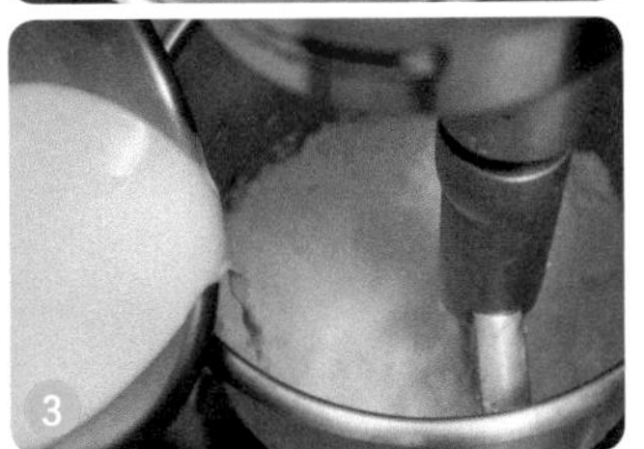

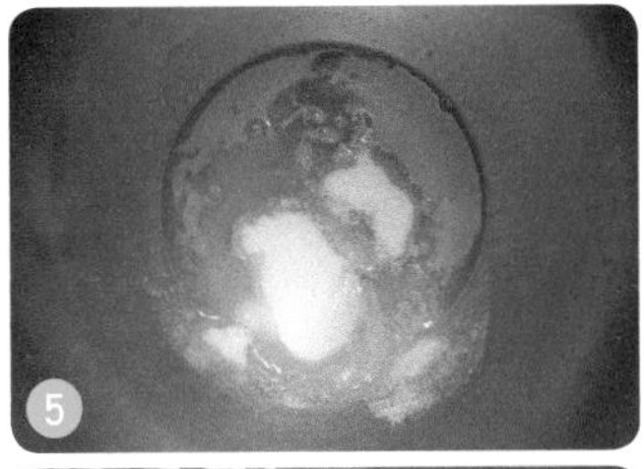

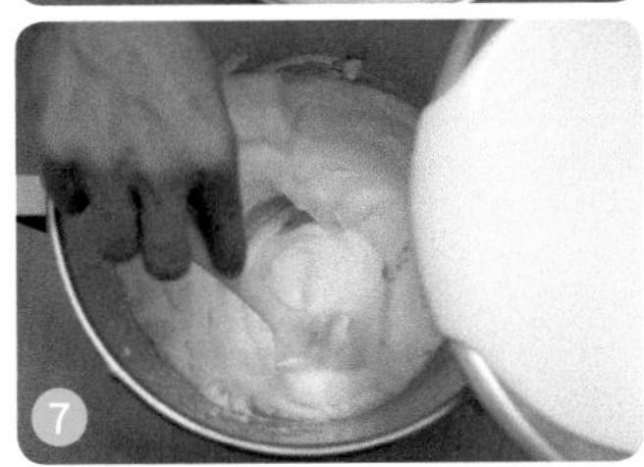
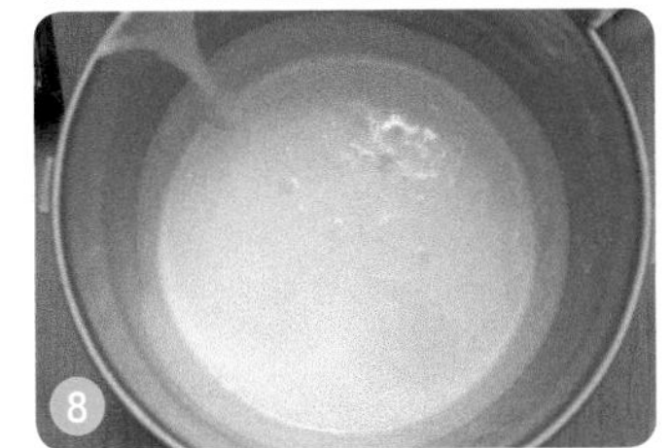

1. 聖安諾卡士達、鹽、砂糖①、奶油乳酪、奶油、檸檬汁、檸檬皮屑攪拌均勻。（圖 1）
2. 蘭特保久乳煮到 60℃，加入泡軟的吉利丁片拌勻，再一點一點地加入步驟 1 拌勻。（圖 2～4）
3. 另將蛋白加入砂糖②、鹽，中速攪拌至濕性發泡。（圖 5、6）
4. 將步驟 2 加入步驟 3 中拌勻。（圖 7、8）
5. 慢慢倒入烤好酥波蘿的模型內、表面再撒一層酥波蘿。（圖 9～11）
6. 以上火 200℃ / 下火 0℃烤上色後，上火降溫至 150℃ / 下火 0℃，再隔水（放大量冰塊）烤約 80 分鐘。（圖 12）

雪白乳酪蛋糕

此款蛋糕特色是有著濃郁厚實的帕馬森香氣，
而因其外觀白皙，口感像雪一樣綿密細緻而得名。

材料 & 作法

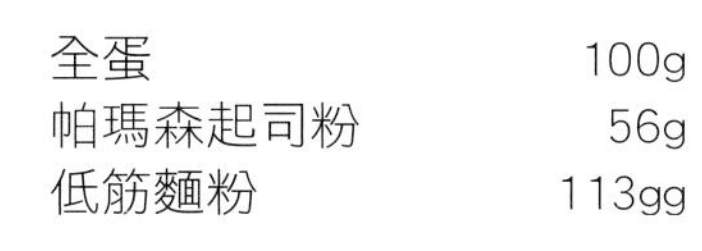

蛋糕體

奶油乳酪	125g	全蛋	100g	鹽	1.5g
水	94g	帕瑪森起司粉	56g	蛋白	250g
芥花油	94g	低筋麵粉	113gg	砂糖	150g

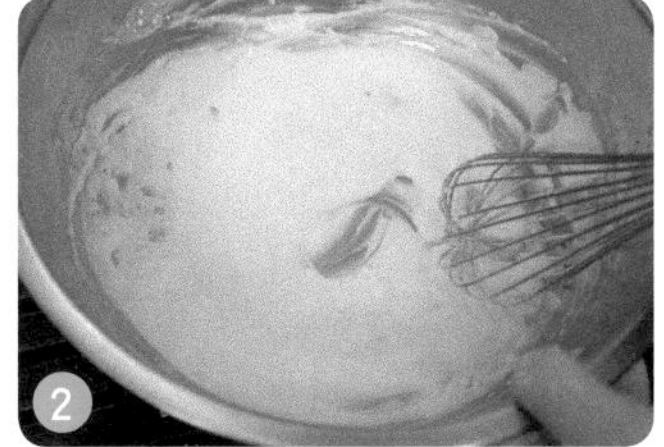

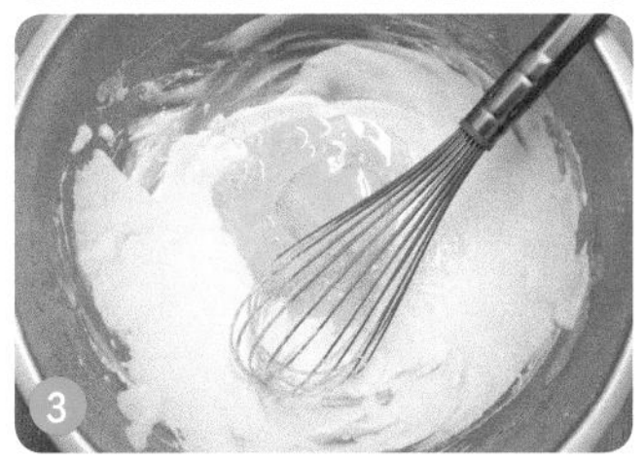

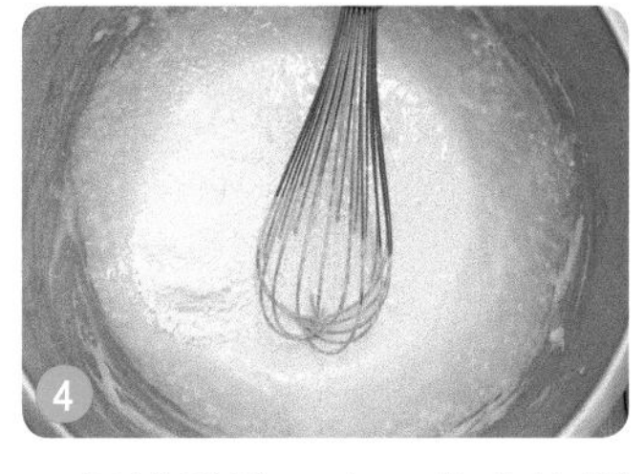

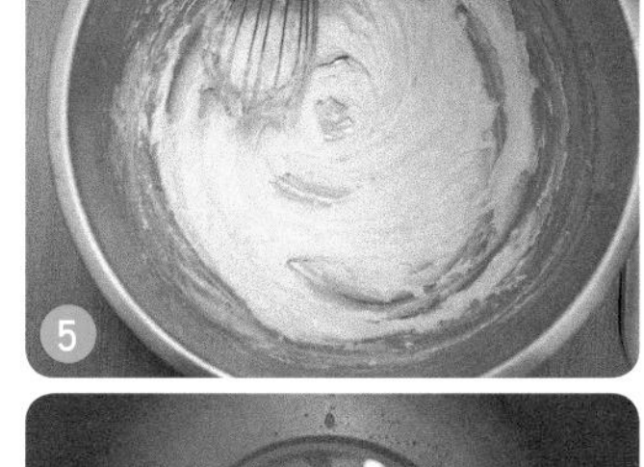

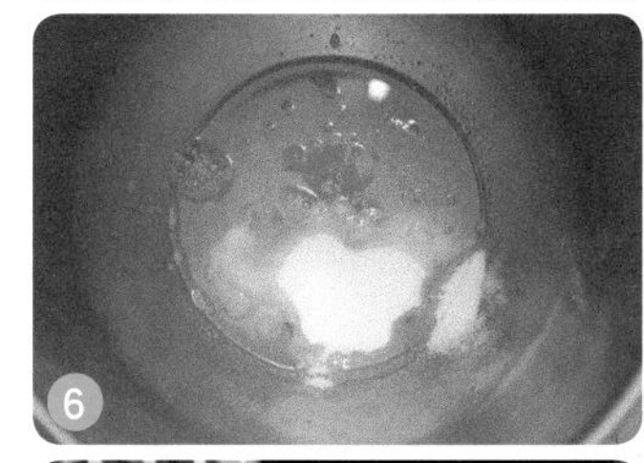

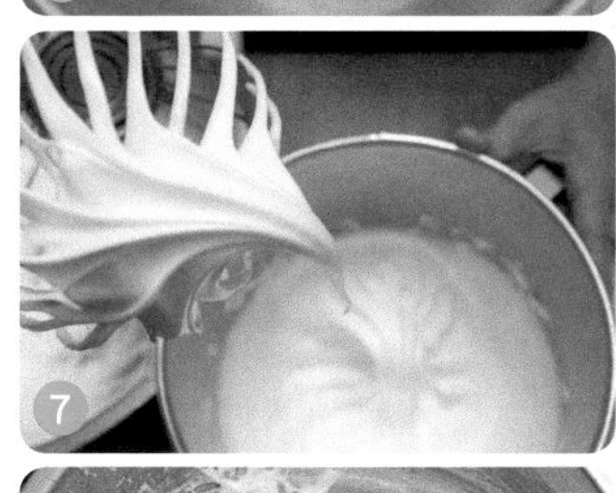

1. 奶油乳酪、水、芥花油拌匀煮滾。（圖 1、2）
2. 加入全蛋、帕瑪森起司粉、低筋麵粉拌匀備用。（圖 3～5）
3. 另將將蛋白、砂糖、鹽混合，中速攪拌至濕性發泡。（圖 6、7）
4. 步驟 3 加入步驟 2 中拌匀。（圖 8、9）
5. 圓形模襯烤焙紙，倒入步驟 4（圖 10），表面撒一層帕瑪森起司粉（圖 11）。
6. 以上火 200℃ / 下火 0℃烤上色後，上火降溫至 150℃ / 下火 0℃隔水（放大量冰塊）再烤約 40 分鐘即可。（圖 12）

法式起司羅列

此為法式鹹派的一種，其中加入了大量培根、燻雞及甜椒、洋蔥、綠花椰，營養均衡豐富，不論是做為早午餐或是下午茶的點心都很適合。

材料 & 作法

鹹派皮

總統無鹽奶油	131g	水	75g
低筋麵粉	312g	鹽	3g

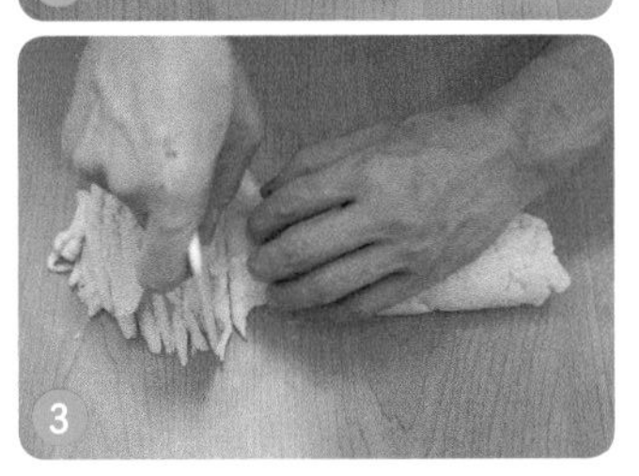

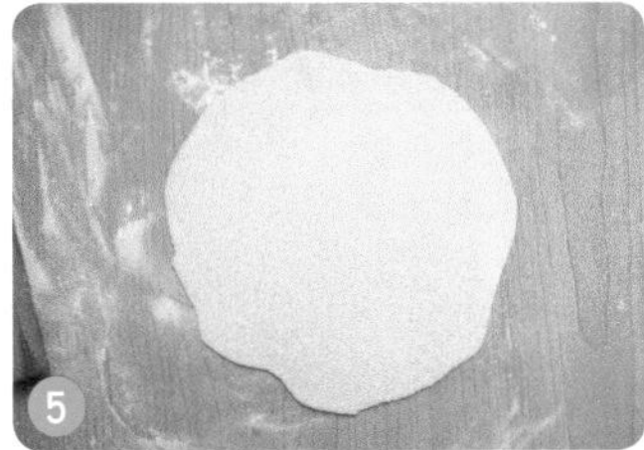

1. 低筋麵粉加奶油及鹽切拌至砂粒狀。（圖 1、2）
2. 切拌成麵糰。（圖 3、4）
3. 擀平入模，以上火 200℃ / 下火 200℃烤半熟備用。（圖 5、6）

起司醬

總統動物鮮奶油	250g
蘭特保久乳	25g
全蛋	130g
鹽	適量
胡椒	適量
帕瑪森起司粉	適量

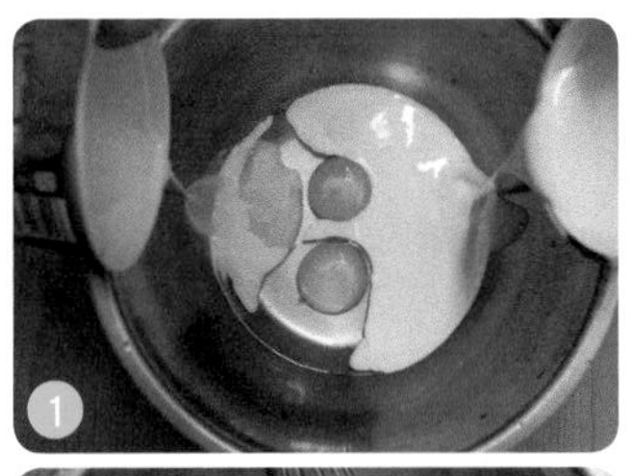
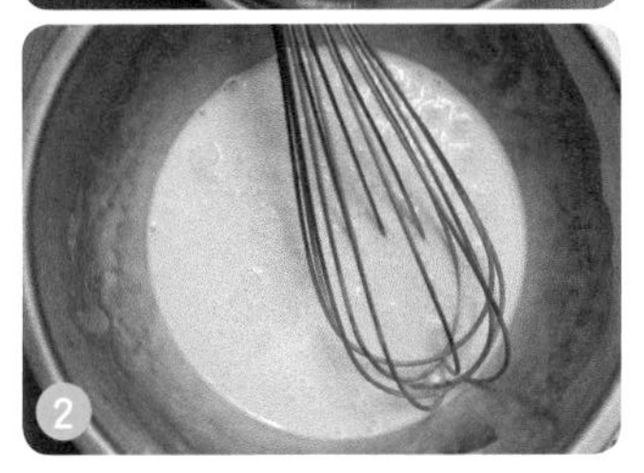

1. 動物鮮奶油、蘭特保久乳、全蛋拌勻過濾。
2. 再加入適量鹽、胡椒、帕瑪森起司粉調味備用。

內餡

洋蔥	適量
起司絲	適量
培根	適量
燻雞	適量
彩椒	適量
綠花椰菜	適量

・洋蔥切絲與培根片炒熟備用；彩椒切絲；起司絲、燻雞解凍備用。

組合

1. 派皮鋪上適量內餡，倒入適量起司醬。（圖 1、2）
2. 鋪上起司絲，以上火 220℃ / 下火 190℃烤約 30 分鐘。（圖 3、4）

提拉米蘇

關於提拉米蘇的由來，有一個溫馨的故事：
二戰時期，一個義大利的士兵準備要出征，愛他的妻子為了給他準備乾糧，便把家裡所有能吃的餅乾、麵包全做進了一個糕點裡，那個糕點就叫提拉米蘇。
每當這個士兵在戰場上吃到提拉米蘇，就會想起他的家，想起家中心愛的人。
提拉米蘇—Tiramisu，在意大利文裡有「帶我走」的涵義，
——帶走的不只是美味，還有愛和幸福。

材料 & 作法

達克瓦茲

杏仁粉	50g	蛋白	250g	鹽	2g
糖粉	100g	砂糖	125g		

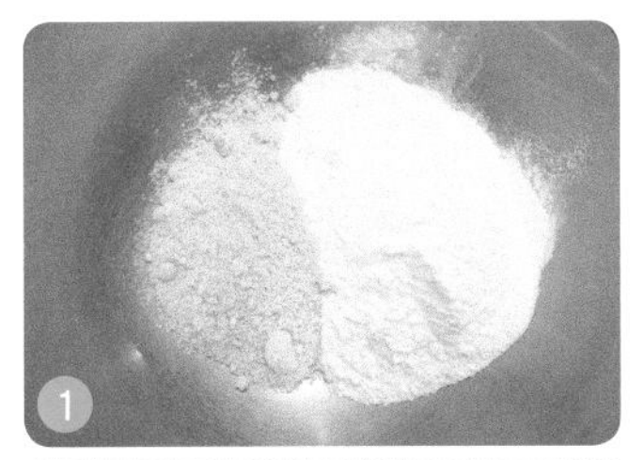
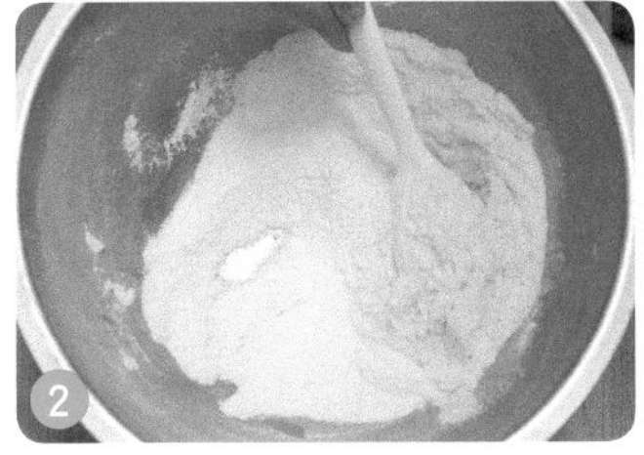

1. 杏仁粉、糖粉、拌勻。(圖1、2)

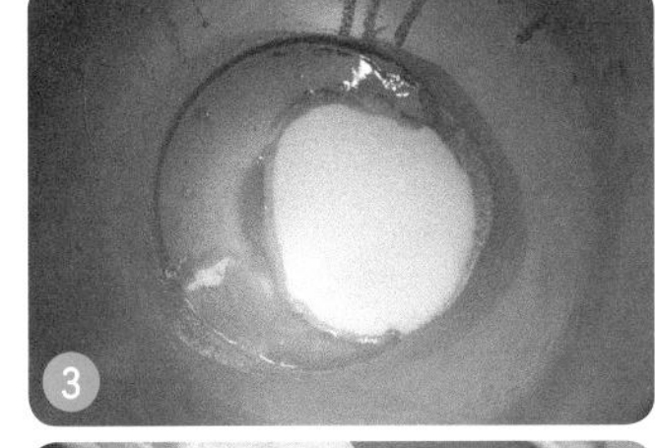
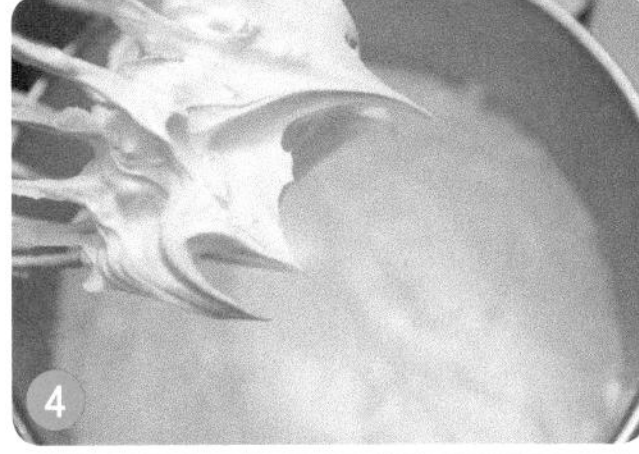

2. 另將蛋白、砂糖、鹽攪拌至乾性發泡。(圖3、4)
3. 將步驟2加入步驟1中拌勻。(圖5、6)

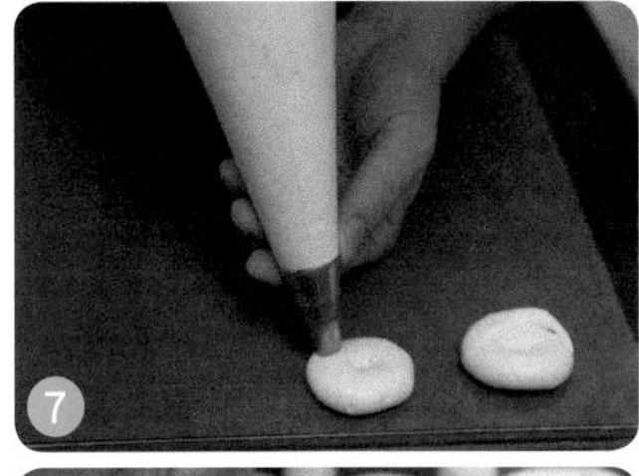

4. 裝入擠花袋,在烤盤布上擠出適當大小的圓片。(圖7)
5. 撒上糖粉(圖8、9)
6. 上火220℃ / 下火200℃,烤約10~14分鐘備用。(圖10)

咖啡糖酒

義式濃縮咖啡	100g
冰糖	10g
咖啡香甜酒	20g

1. 咖啡與冰糖拌勻。(圖1)
2. 倒入咖啡香甜酒拌勻。(圖2)

材料 & 作法

提拉米蘇內餡

砂糖	80g
水	20g
蛋黃	68g
紅酒	20g
馬仕卡邦	250g
總統動物鮮奶油	250g

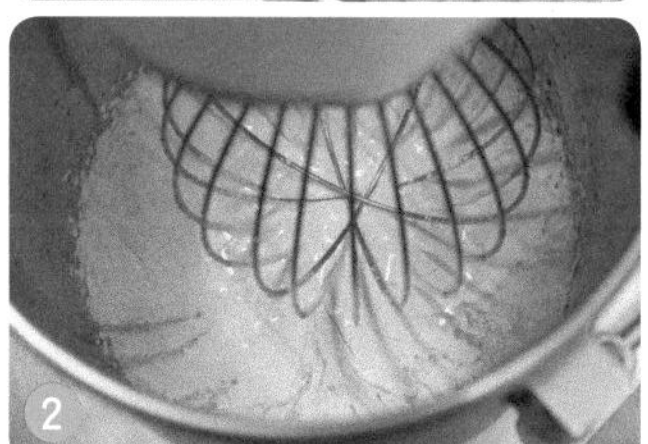

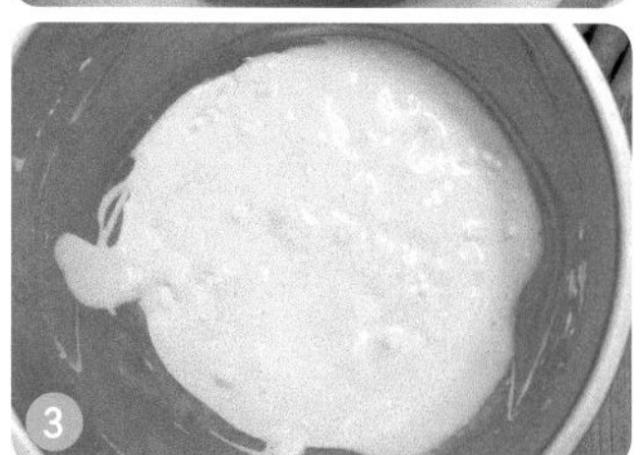

1. 砂糖加水煮至 112℃後，沖入打散的蛋黃攪拌打發，再加紅酒拌勻。（圖 1、2）
2. 加入馬仕卡邦攪拌均勻。（圖 3）
3. 動物鮮奶油打發後加入步驟 2 拌勻備用。（圖 4）

組合

可可芭瑞可可粉	適量

・達克瓦茲刷上咖啡糖酒後，和提拉米蘇內餡以一層一層交錯堆疊的方式裝入杯子裡，最後再撒上可可芭瑞可可粉即可。

派塔系列

反轉蘋果塔

檸檬塔

荷蘭塔

草莓塔

楓糖香蕉派

無花果卡蕾特

榛果加多巴斯

反轉蘋果塔

相傳在 1880 年，法國中部小鎮一對姐妹經營了一個名叫 Hotel Tatin 的飯店，某日忙中有錯，在製作蘋果塔時，忘了先將塔皮放入烤盤，就直接烤了焦糖蘋果，等到發現已來不及，情急之下只好把塔皮覆蓋在蘋果上方烤，烤好後再反扣在盤子中。

「反轉蘋果塔」的「反」字就是這個意思，沒想到這道原本失敗的甜點大受好評，從此更是一路紅到巴黎去。這香脆的塔皮加上焦糖蘋果酸甜滋味，喜歡塔派類甜點的朋友一定要試試。

材料 & 作法

塔皮

糖粉	84g	全蛋	66g	低筋麵粉	334g
總統無鹽奶油	200g	鹽	1g		

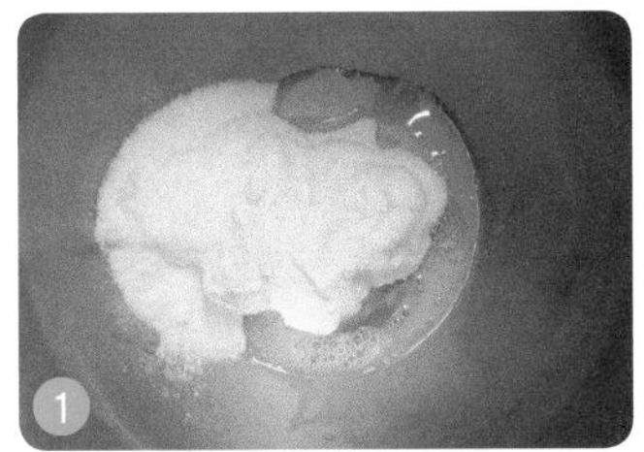
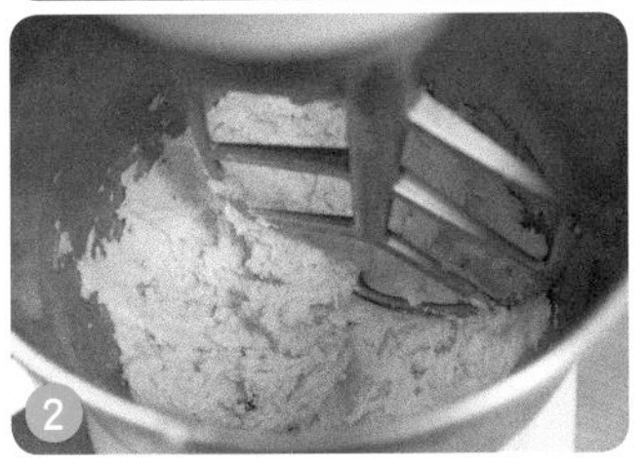

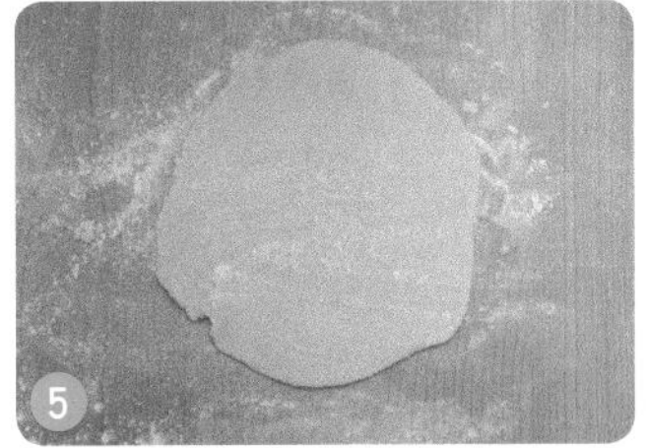
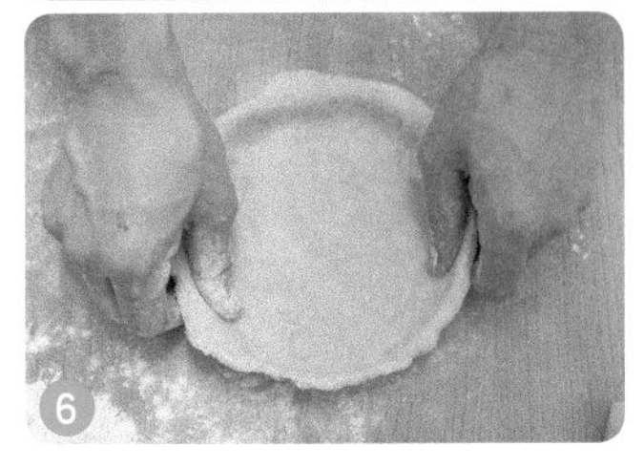

1. 先將糖粉、奶油、全蛋、鹽攪拌均勻。(圖 1、2)
2. 加入過篩的粉類攪拌均勻成糰。(圖 3、4)
3. 擀平,捏成塔皮(圖 5、6),以上火 170℃ / 下火 170℃烤 20 ~ 24 分鐘。

卡士達醬

蛋黃	144g	低筋麵粉	27g	鐵塔發酵奶油	60g
砂糖	150g	蘭特保久乳	600g	打發動物鮮奶油	202g
玉米粉	27g	香草莢	1/2 根		

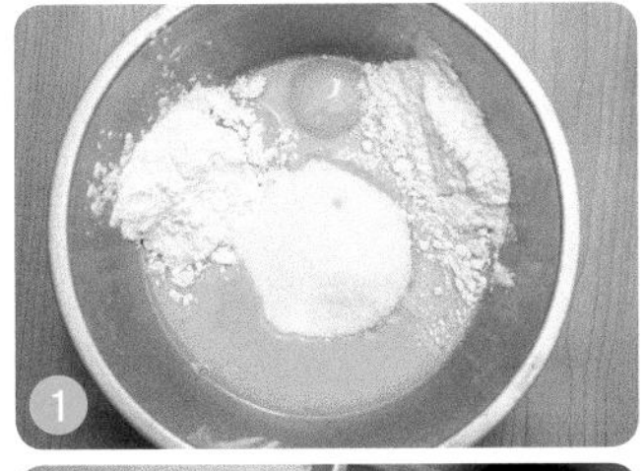

1. 蛋黃、砂糖、玉米粉、低筋麵粉拌勻。(圖 1)
2. 蘭特保久乳、香草莢煮滾,將步驟 1 沖入拌勻(圖 2)。
3. 小火加熱至濃稠後,加入奶油拌勻即可。(圖 3、4)
4. 冷藏降溫後,加入打發的動物鮮奶油拌勻。(圖 5、6)

材料 & 作法

香草慕斯

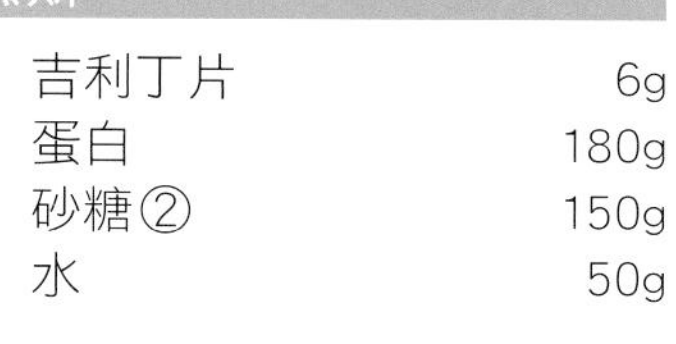

材料	份量	材料	份量
蘭特保久乳	200g	吉利丁片	6g
香草莢	1/4根	蛋白	180g
蛋黃	120g	砂糖②	150g
砂糖①	50g	水	50g
低筋麵粉	30g		

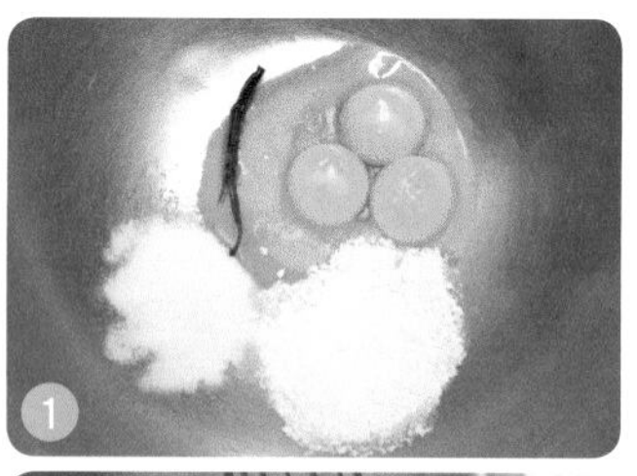

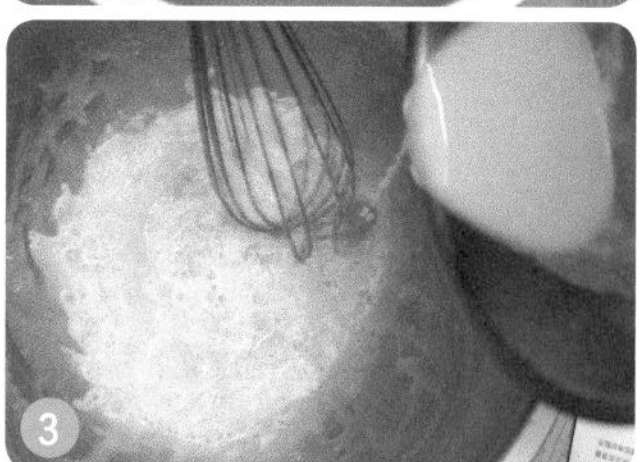

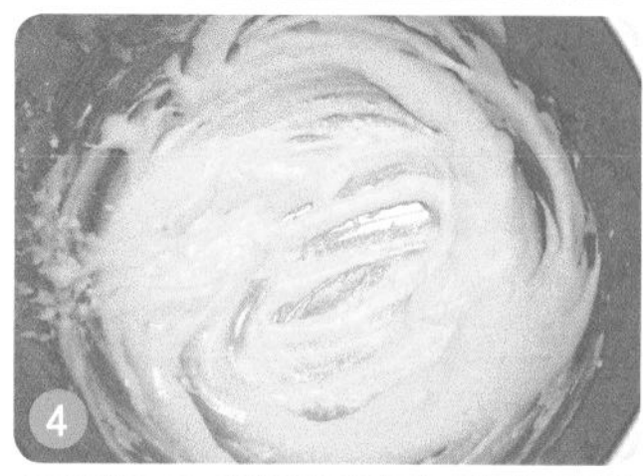

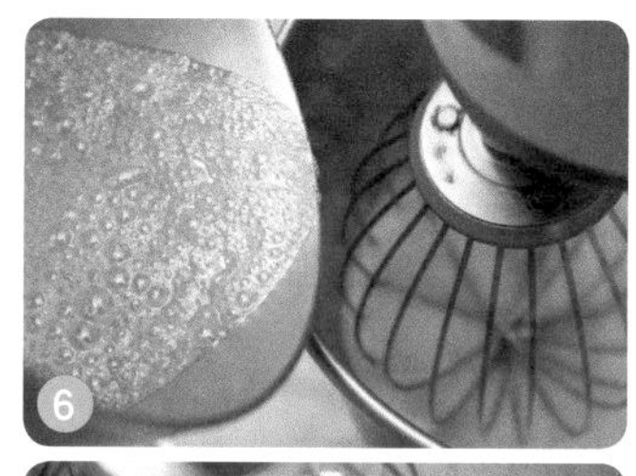

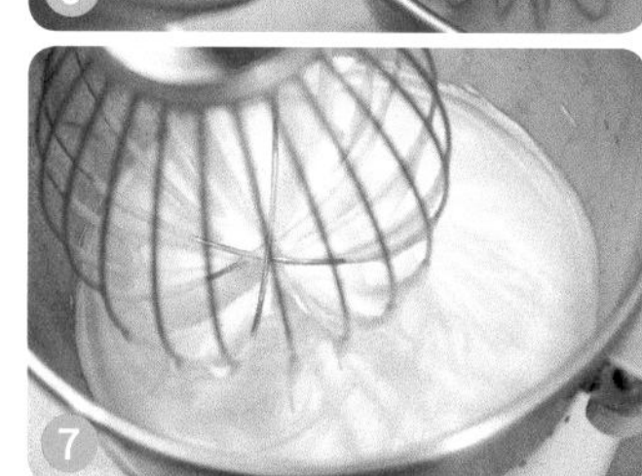

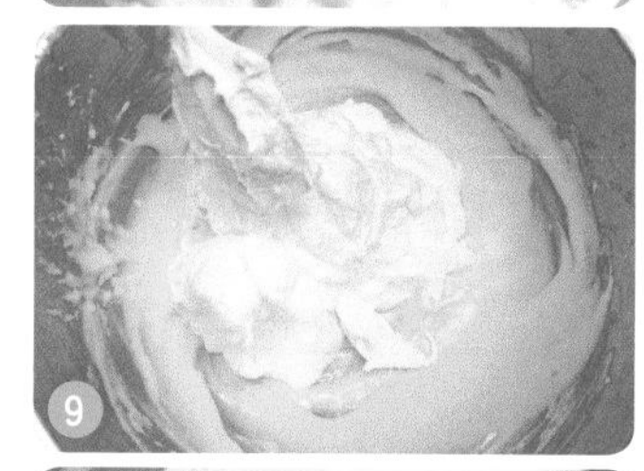

1. 香草籽、蛋黃、砂糖①、低筋麵粉、泡軟吉利丁片拌勻備用。（圖 1、2）
2. 蘭特保久乳煮滾後沖入步驟 1 煮成格司醬。（圖 3、4）
3. 砂糖② 加水煮到 110℃後，沖入打發蛋白攪拌至乾性發泡。（圖 5～8）
4. 步驟 3 加入步驟 2 中拌勻即可。（圖 9、10）

蜜蘋果

蘋果	6顆
砂糖	600g
水	600g

・水加糖煮滾，加入去皮切片的蘋果，煮到微透明，撈起備用。

組合

1. 烤模底部先鋪一張烤焙紙，再撒一層砂糖，將蜜蘋果平鋪模內，以上火0℃ / 下火 200℃烤至砂糖微焦後放涼，填入慕斯餡冰硬取出。（圖 1、2）
2. 烤好的塔皮填入卡士達後，再放上步驟 1（蜜蘋果朝上反扣）即可。

檸檬塔

檸檬塔在十九世紀時，就是一道相當普遍的甜點，不僅在歐洲大為流行，甚至在美洲亦受歡迎。

法國南方的城鎮芒通，位於地中海岸、摩納哥與義大利之間，因盛產檸檬，於一九三四年起每年二月舉辦檸檬節，而檸檬塔亦列在推廣活動之中。

檸檬塔主要由塔皮與檸檬餡組成，上面若是再加上蛋白霜則稱為蛋白霜檸檬塔。

材料 & 作法

派皮

糖粉 150g
總統無鹽奶油 250g
全蛋 52g
鹽 1g
高筋麵粉 250g
低筋麵粉 100g

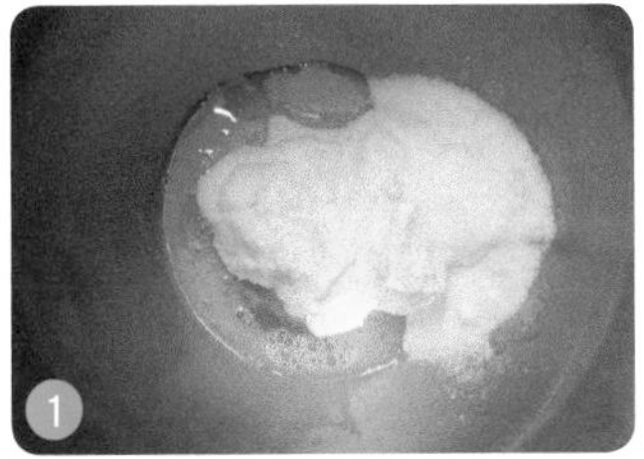

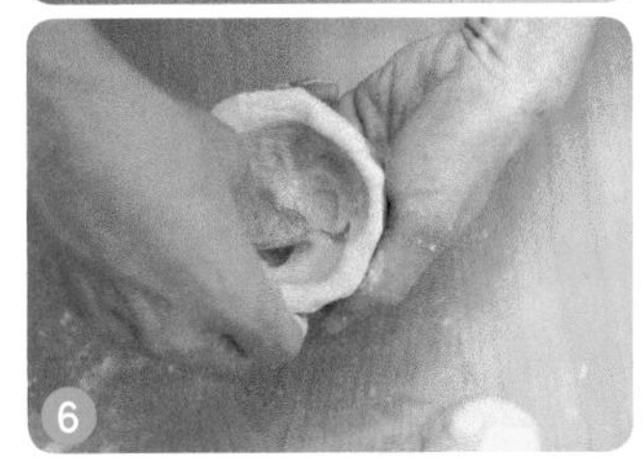

1. 先將奶油、糖粉、鹽、全蛋攪拌均勻。（圖 1～3）
2. 加入過篩的粉類攪拌均勻成糰。（圖 4、5）
3. 擀平，捏成塔皮（圖 6、7），以上火 170℃ / 下火 170℃烤 20～24 分鐘。

檸檬內餡

全蛋 160g
細砂糖 115g
檸檬皮屑 10g
檸檬汁 20g
總統動物鮮奶油 100g

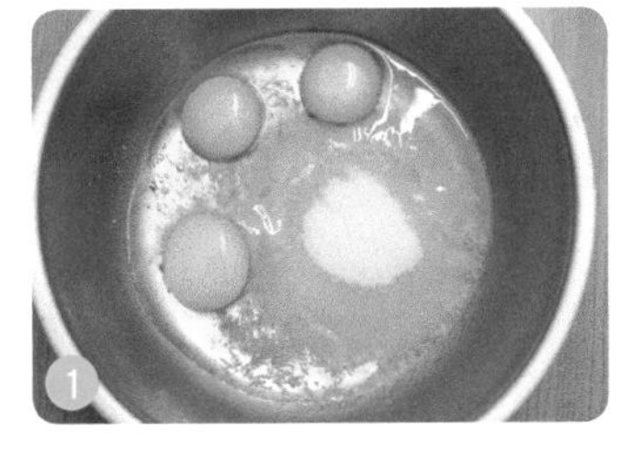

1. 全蛋、細砂糖、檸檬皮屑、檸檬汁、動物鮮奶油隔水加熱到濃稠。（圖 1、2）
2. 收汁後過濾備用。（圖 3）

組合

巧克力醬 適量
（作法請參考 p.95）
裝飾—打發鮮奶油 適量
裝飾—檸檬皮屑 適量

1. 塔皮內刷上一層薄巧克力醬（圖 1），填入檸檬內餡，冷藏待凝固。（圖 2）
2. 最後裝飾鮮奶油、檸檬皮屑即可。（圖 3）

荷蘭派

這款點心起源於荷蘭的鄉村，在那裡每戶人家都有屬於自己的家常配方，最經典且廣為流傳的，是內餡使用大量蘋果，並加入肉桂、荳蔻等香料，本配方則是以核桃與葡萄乾帶出單純樸實的風味。

材料 & 作法

派皮

材料	份量	材料	份量
總統無鹽奶油	150g	水	125g
高筋麵粉	125g	鹽	1g
低筋麵粉	125g		

1. 麵粉、奶油、鹽及水拌至砂粒狀。（圖 1、2）

2. 拌成麵糰鬆弛備用。（圖 3、4）

內餡

葡萄乾	100g
核桃	80g
杏仁粉	60g
糖粉	60g
全蛋	50g

・將所有材料拌勻備用。（圖 1、2）

組合

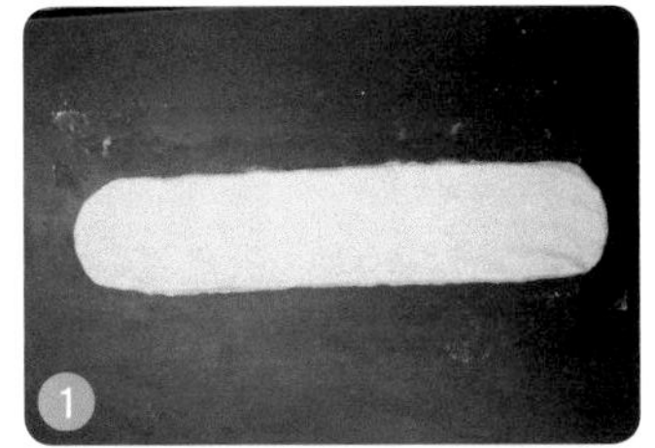

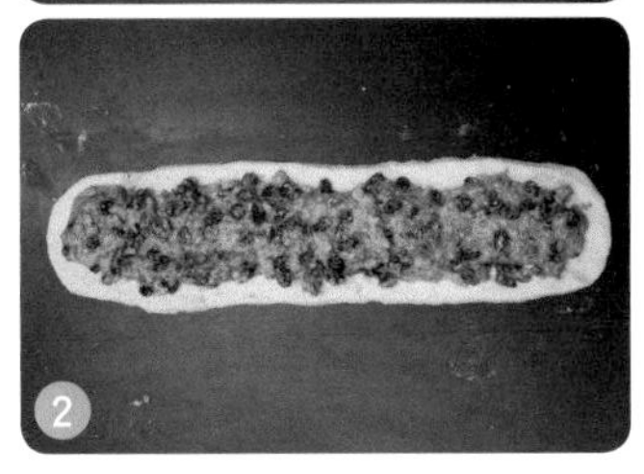

1. 派皮麵糰擀開成兩片長條狀，將內餡均勻分布在一片派皮上。（圖 1、2）

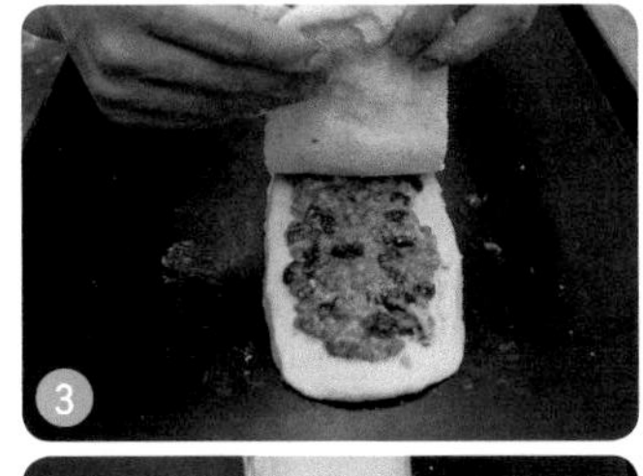

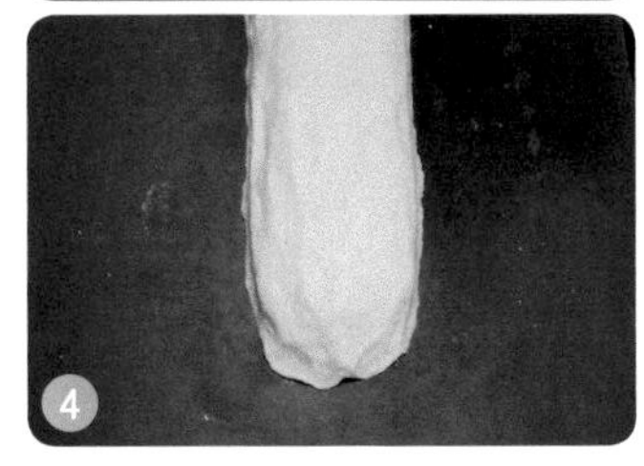

2. 將另一片派皮覆蓋上去，四周壓合。（圖 3、4）

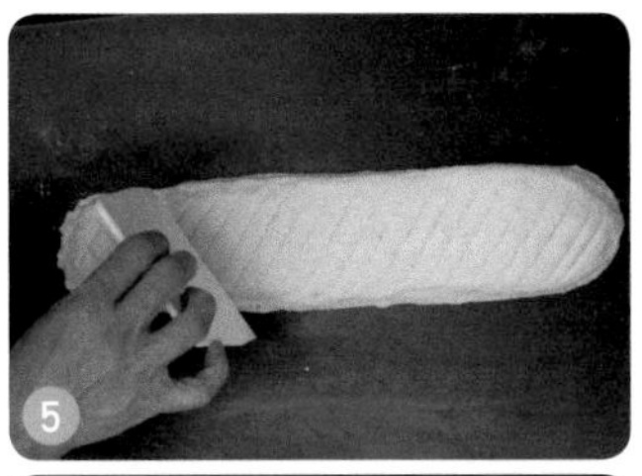

3. 表面斜刻交叉花紋，上火 190℃ / 下火 180℃，烤熟即可。（圖 5、6）

草莓塔

這是因應草莓產季而開發的冬季甜點，草莓的酸甜加上優格及乳酪的滑順，是佐茶的好選擇。

材料 & 作法

派皮

糖粉	150g	全蛋	52g	高筋麵粉	250g
總統無鹽奶油	250g	鹽	1g	低筋麵粉	100g

1. 先將奶油、糖粉、鹽、全蛋攪拌均勻。（圖 1、2）

2. 加入過篩的粉類，攪拌均勻成糰。（圖 3、4）

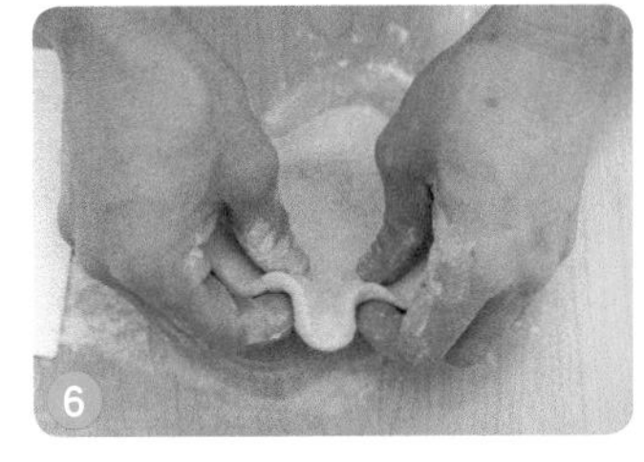

3. 擀平，捏成塔皮（圖 5、6），以上火 170℃ / 下火 170℃，烤 20～24 分鐘。

草莓果醬

草莓果泥	100g
覆盆子果泥	44g
水	100g
砂糖	42g
新鮮草莓	25g

・所有材料拌勻煮到濃稠收汁即可。

草莓餡

奶油乳酪	80g	砂糖	30g
優格	20g	草莓果泥	40g

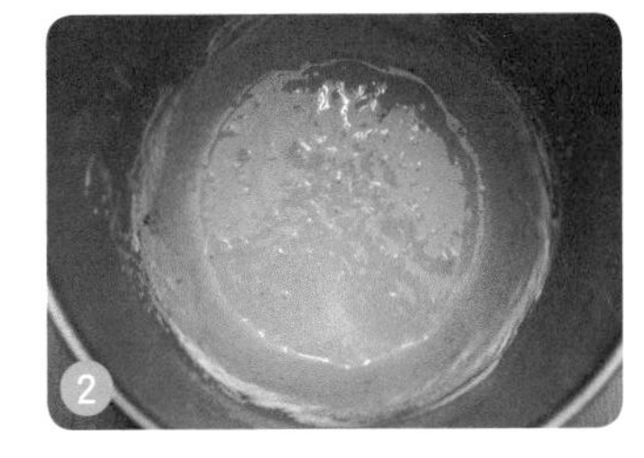

・將所有材料拌勻即可。（圖 1、2）

組合

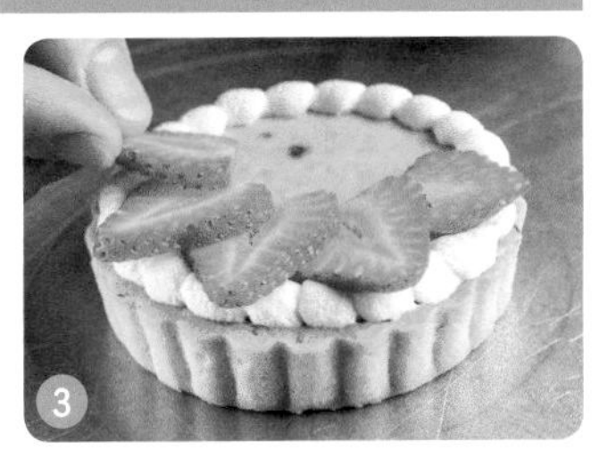

巧克力醬（作法請參考 p.95）	適量
裝飾－打發鮮奶油	適量
裝飾－新鮮草莓	適量

1. 塔內刷上一層薄巧克力，填入草莓果醬（圖 1），再鋪一層草莓餡，冷藏待凝固（圖 2）。

2. 裝飾鮮奶油、草莓即可。（圖 3）

楓糖香蕉派

楓糖與香蕉的甜點組合在台灣並不多見，但在日本卻是很平常的點心。
這款楓糖香蕉派是筆者在飯店任職時，至日本進修與東京的甜點師傅交流開發的產品，在有香蕉王國美譽的台灣特別值得一試，在此與各位讀者分享。

材料 & 作法

派皮

糖粉	150g
總統無鹽奶油	250g
全蛋	52g
鹽	1g
高筋麵粉	250g
低筋麵粉	100g

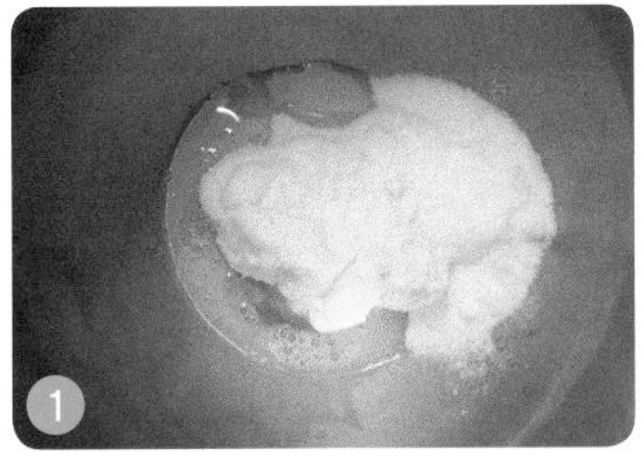

1. 先將奶油、糖粉、鹽、全蛋攪拌均勻。(圖 1、2)

2. 加入過篩的粉類攪拌均勻成糰。(圖 3、4)

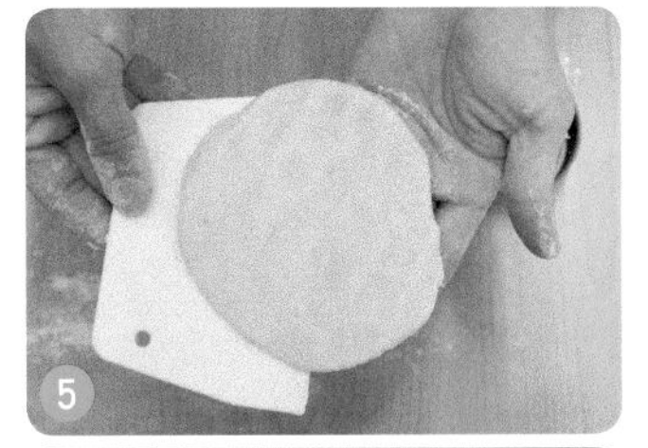
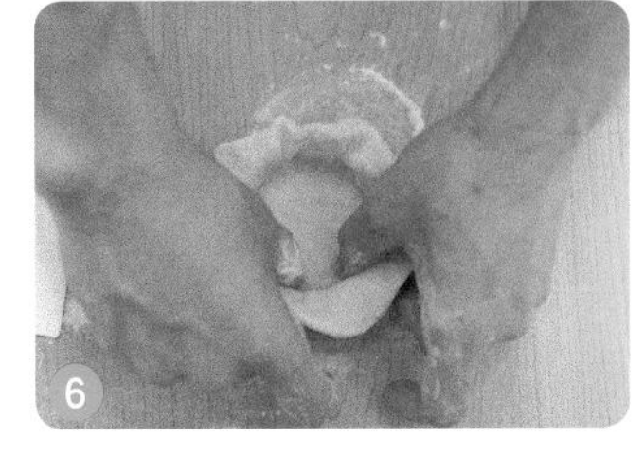

3. 擀平，捏成塔皮(圖 5、6)，以上火 170℃ / 下火 170℃烤 20 ～ 24 分鐘。

布丁汁

全蛋	108g
蛋黃	34g
二砂	40g
聖安諾卡士達 (作法請參考 p.71)	55g
鹽	0.6g
蘭特保久乳	200g
總統動物鮮奶油	300g
白蘭地	10g
楓糖	170g

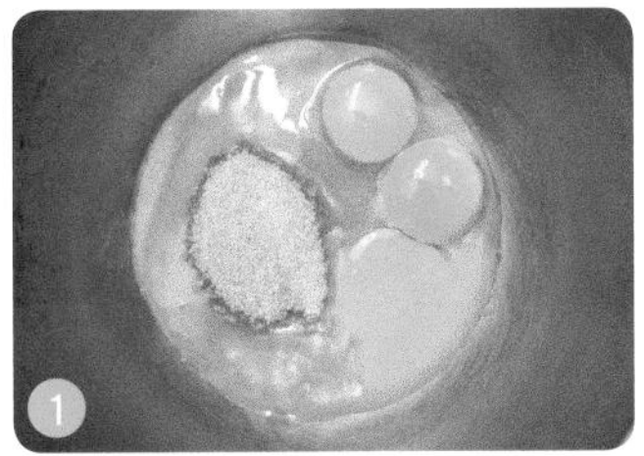
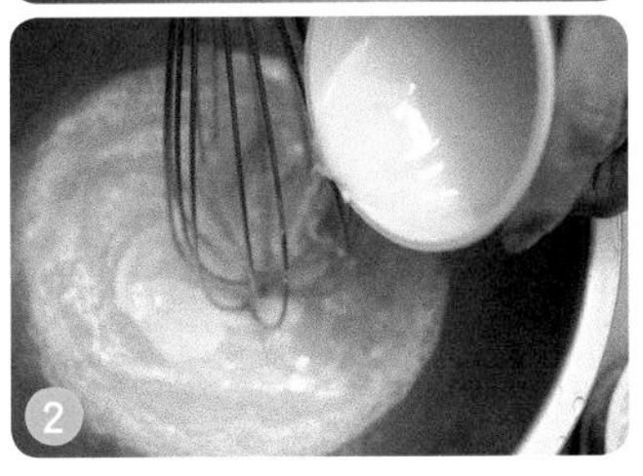

1. 全蛋、蛋黃、二砂、鹽拌勻。(圖 1)
2. 再加入卡士達、蘭特保久乳、動物鮮奶油拌勻。(圖 2)

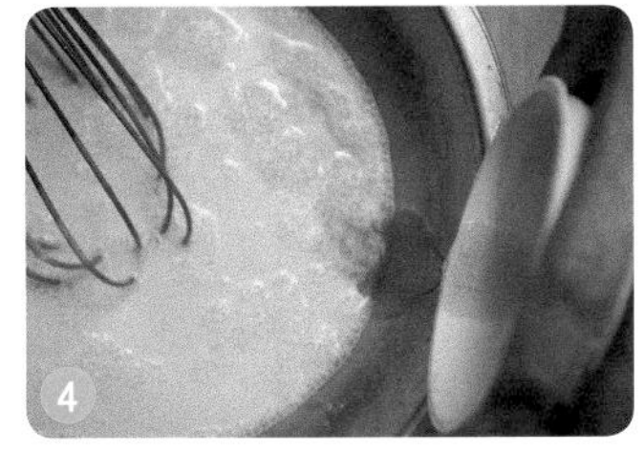

3. 最後加入楓糖、白蘭地拌勻。(圖 3 ～ 5)

4. 過濾後備用。(圖 6)

材料 & 作法

焦糖香蕉

砂糖	適量
香蕉	適量
總統無鹽奶油	適量

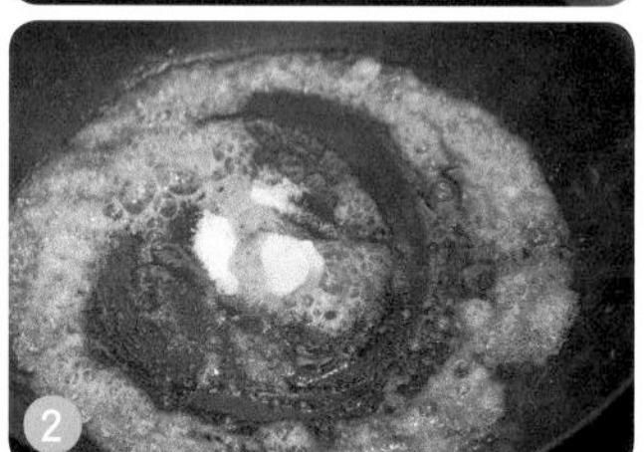

1. 用平底鍋將砂糖煮焦化。（圖 1）
2. 加入奶油拌勻。（圖 2）
3. 再加入香蕉片兩面略煎備用。（圖 3、4）

楓糖巧克力

總統動物鮮奶油	40g
杏桃果膠	10g
安珀爪哇 36% 巧克力	100g
坦尚尼亞 75% 巧克力	10g
康圖酒	5g
楓糖	15g

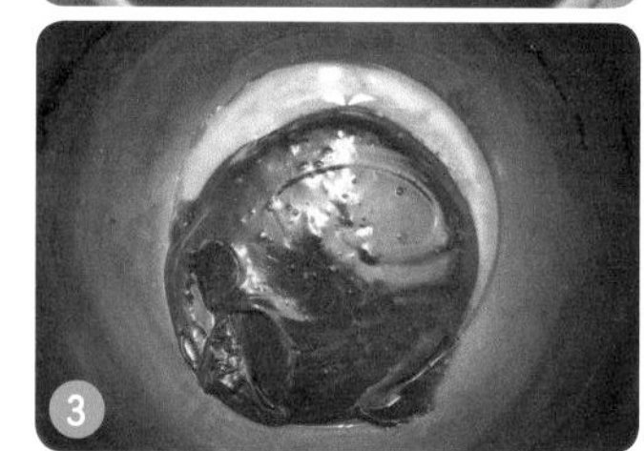

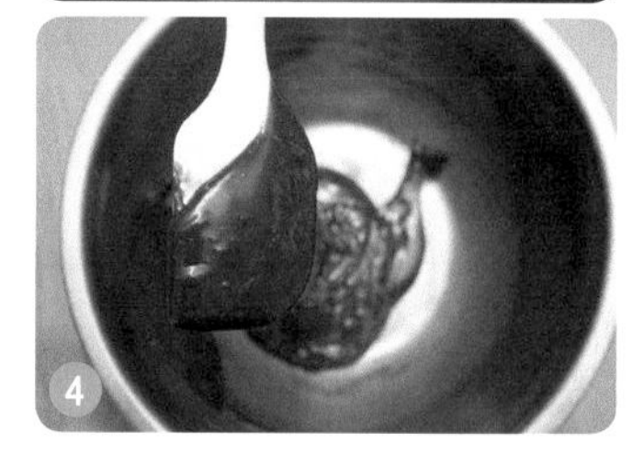

1. 動物鮮奶油、杏桃果膠煮滾後（圖 1），沖入巧克力拌勻。（圖 2）
2. 降溫至 35℃後，加入楓糖及康圖酒拌勻即可。（圖 3、4）

栗子醬

栗子泥	250g
聖安諾卡士達 （作法請參考 p.71）	200g
無糖榛果醬	150g
總統動物鮮奶油	150g
蘭姆酒	20g

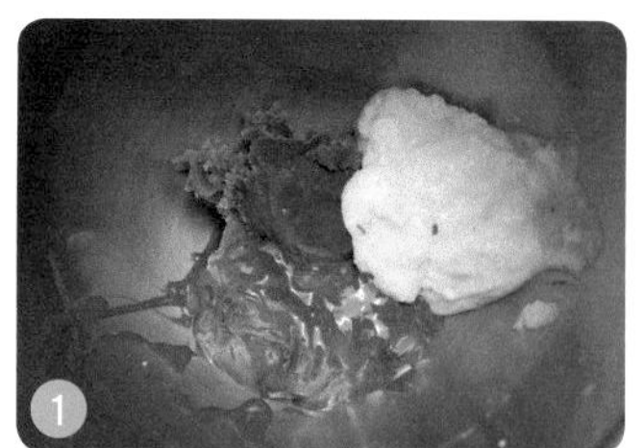

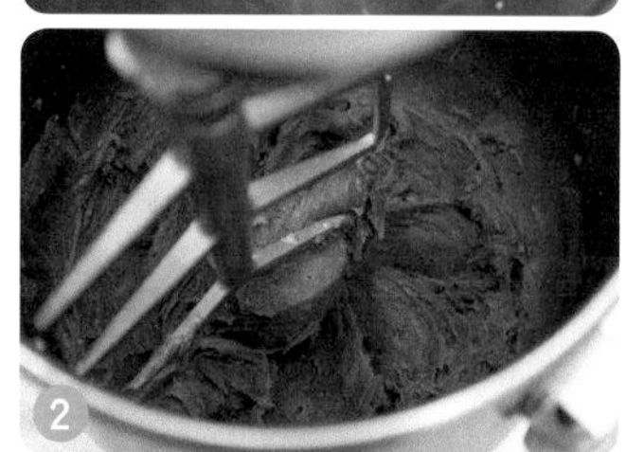

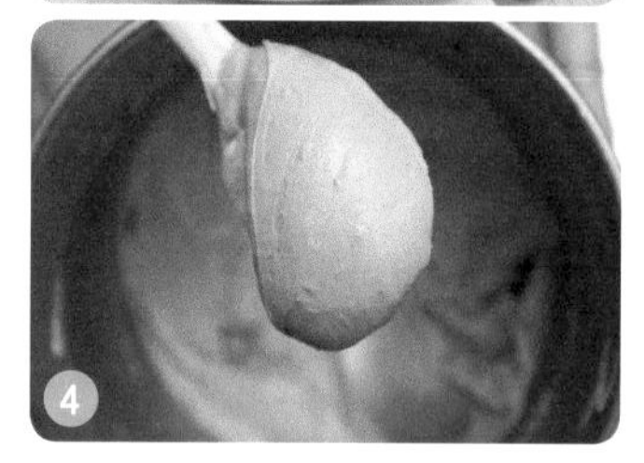

1. 栗子泥、聖安諾卡士達、無糖榛果醬攪拌至軟化均勻。（圖 1、2）
2. 加入打發的動物鮮奶油、蘭姆酒拌勻即可。（圖 3、4）

組合

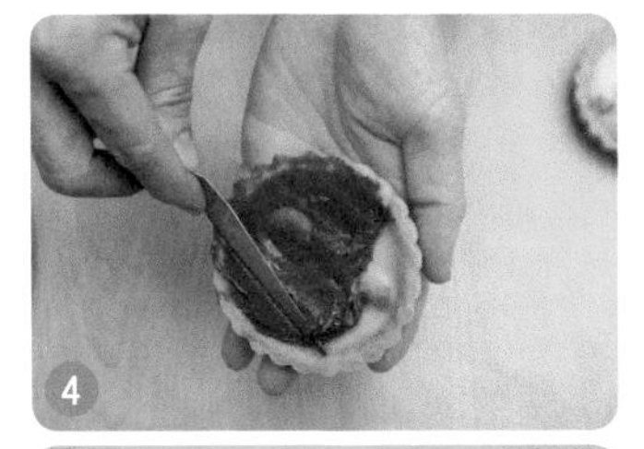

1. 烤熟的派皮填入焦糖香蕉片和布丁汁後，以上火170℃/下火160℃烤至布丁汁凝固。（圖1～3）
2. 表面抹上一層楓糖巧克力。（圖4、5）
3. 用平口鋸齒花嘴擠上栗子醬，外圍再用菊花嘴擠上栗子醬。（圖6、7）
4. 最後排列焦糖香蕉片裝飾即可。（圖8、9）

無花果卡蕾特

此款甜點是以法國布列塔尼地區的傳統小點心為雛型，改良而成的。
酥脆的外表下藏著香甜濃郁的香草無花果氣息，是個似塔又似餅乾的小點心。

材料 & 作法

卡蕾特

總統無鹽奶油	188g
糖粉	135g
奶油乳酪	38g
香草莢	適量
低筋麵粉	225g
杏仁粉	30g
鹽	1g
蛋黃	45g

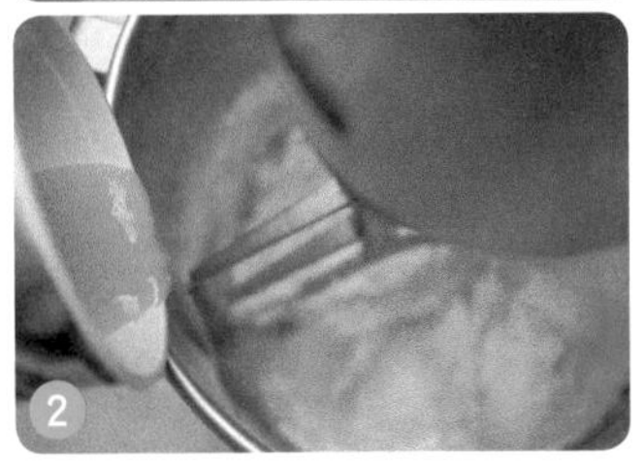

1. 先將奶油、奶油乳酪、糖粉、香草莢、鹽攪拌均勻（圖 1），再加入蛋黃拌勻（圖 2）。

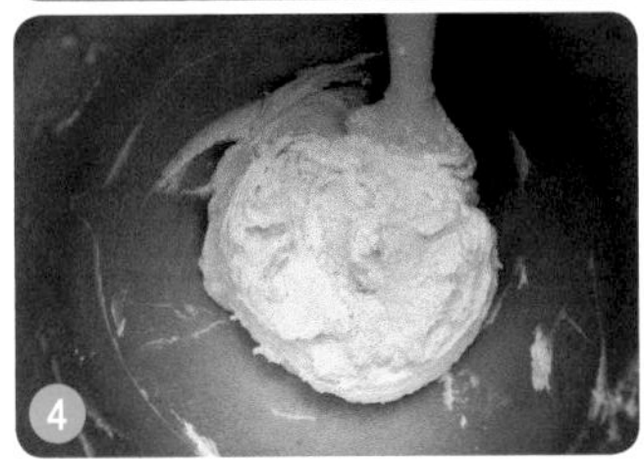

2. 加入過篩的粉類拌勻備用。（圖 3、4）

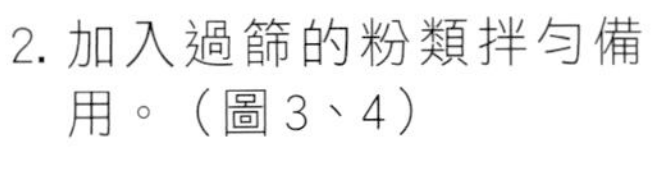

內餡

奶油乳酪	150g
卡士達奶油	75g
白蘭地	3g
無花果	63g
杏仁粉	35g
砂糖	8g

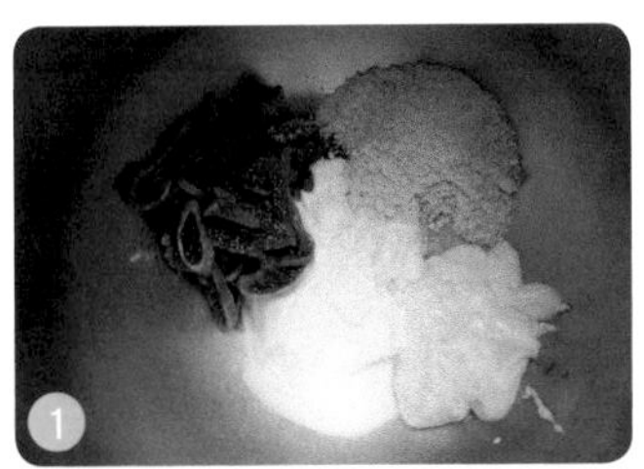

・無花果切丁後與其他材料一起拌勻備用。（圖 1、2）

酥波蘿

總統無鹽奶油	125g
糖粉	100g
低筋麵粉	150g
香草莢	1/4 根

・所有材料拌成砂粒狀即可。（圖 1、2）

3. 將步驟 2 填入模內，捏成塔皮後填入內餡（圖 5～7），再鋪上一層酥波蘿（圖 8）。
4. 以上火 190℃ / 下火 160℃ 烤 40 分鐘即可（圖 9）。

榛果加多巴斯

這是一款加入了大量堅果及野莓果醬的塔類點心，
酥香撲鼻的堅果氣息和野莓的酸甜相輔相成，
不論是搭配花果茶或黑咖啡都相當適合。

材料 & 作法

派皮

總統無鹽奶油	125g	杏仁粉	63g
砂糖	50g	榛果粉	50g
蜂蜜	50g	核桃	15g
全蛋	125g	松子	15g
低筋麵粉	200g	南瓜子	15g

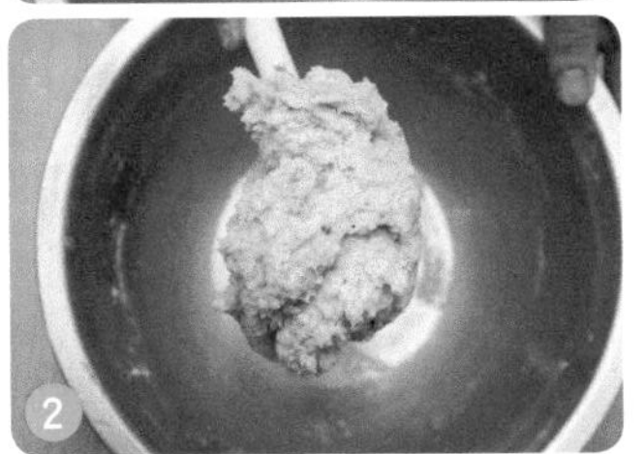

1. 所有材料一起拌勻。（圖 1、2）

2. 將麵糰整形，擀成派皮、入模。（圖 3、4）

莓果醬

覆盆子	550g	檸檬汁	63g
砂糖	250g	水	63g

‧ 所有材料拌勻，小火煮至收汁即可。（圖 1～3）

奶油餡

砂糖	140g
水	35g
蛋黃	68g
無糖榛果餡	250g
花生醬	125g
總統無鹽奶油	250g

1. 砂糖加水煮至 112℃，加入打散的蛋黃中攪拌打發。（圖 1、2）
2. 再加入其餘材料拌勻。（圖 3、4）

材料 & 作法

組合

小泡芙	適量
巧克力醬	適量
裝飾－切碎開心果	適量
裝飾－糖粉	適量

1. 派皮刷上一層莓果醬後，擠上一層奶油餡。（圖 1～4）

2. 中間放一片蛋糕（作法請參考 p.53）。（圖 5）
3. 再擠上一層奶油餡。（圖 6～8）

4. 最後裝飾小泡芙（作法請參考 p.70）、在小泡芙之間擠上巧克力醬（作法請參考 p.95），裝飾切碎的開心果、撒上糖粉即可。（圖 9～12）

餅乾系列

芙蕾露餅乾
維也納香草餅
雪球餅乾
巧克力核桃餅乾
辣椒餅乾
栗子大黃阿巴斯塔
葛蕾派

芙蕾露餅乾

此款屬於口感偏鬆酥的餅乾，整形的時候外圍沾上雜糧粉，再鋪上葵花子，在剛出爐的時候品嘗，可以感受到濃濃的穀物與堅果香氣，是美國農村家庭的常備餅乾喔。

材料 & 作法

餅乾

總統無鹽奶油	65g	杏仁粉	25g	葵花子	30g
糖粉	30g	低筋麵粉	75g		

1. 先將奶油和糖粉攪拌打發。（圖 1～3）
2. 再將過篩的粉類加入攪拌均勻。（圖 4、5）
3. 加入葵花子攪拌均勻（圖 6）、略整形（圖 7、8）。
4. 分割成每個 20g 的麵糰，表面沾上葵花子或葡萄乾，整形成橢圓形（圖 9、10）
5. 排入烤盤後，用掌心將麵糰略壓扁成圓片狀。（圖 11）
6. 以上火 180℃ / 下火 170℃ 烤約 25 分鐘即可。（圖 12）

維也納香草餅

這個配方是在一本年代久遠的食譜書上發現的，
當時日文直譯的名稱就叫「維也納」，
特色是加入了新鮮的香草籽，
在咀嚼的時候，可以品嘗到濃濃的香草風味。

材料 & 作法

餅乾

總統無鹽奶油	300g	鹽	5g	蛋白	80g
砂糖	120g	香草莢	1根	低筋麵粉	360g

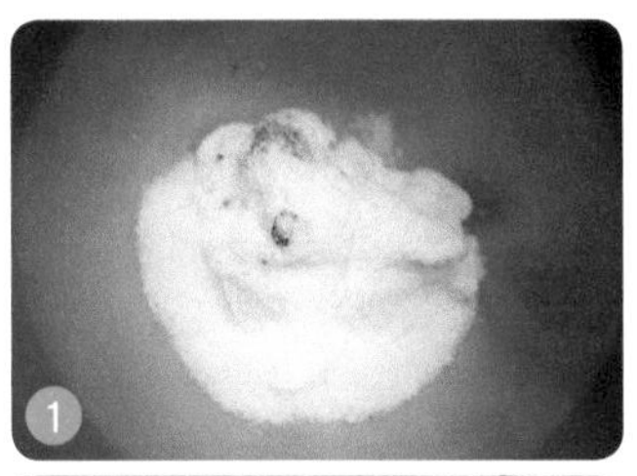

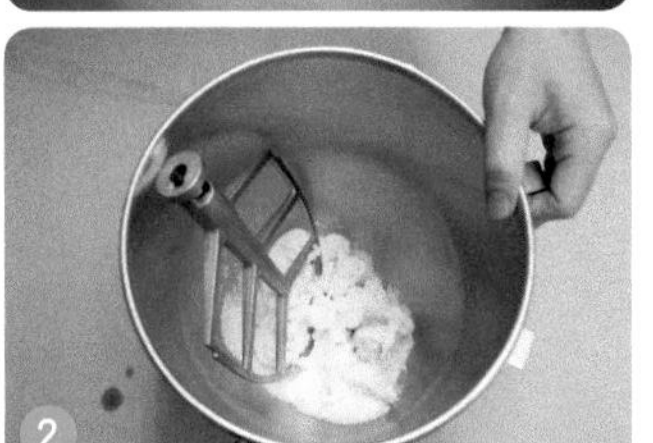

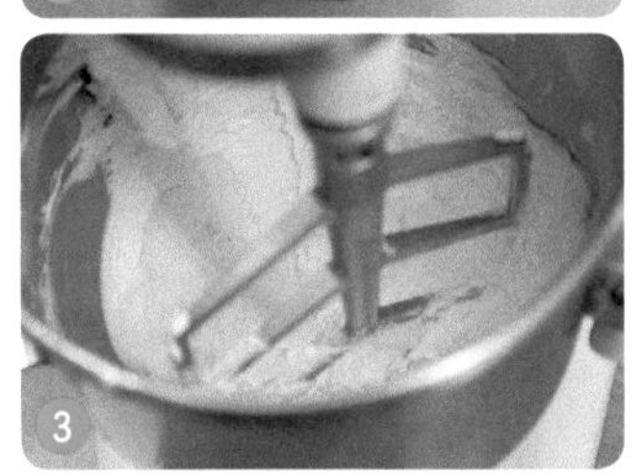

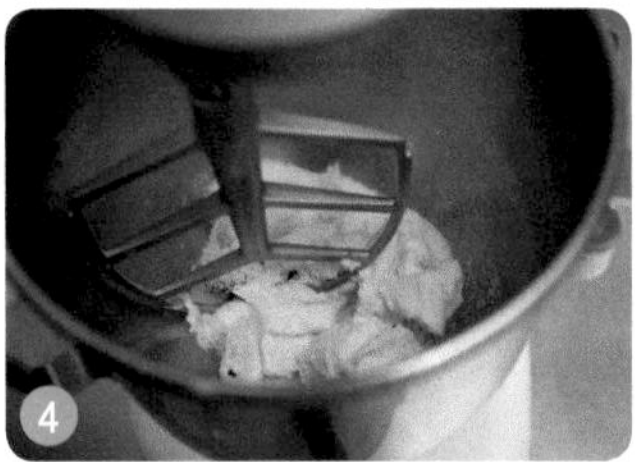

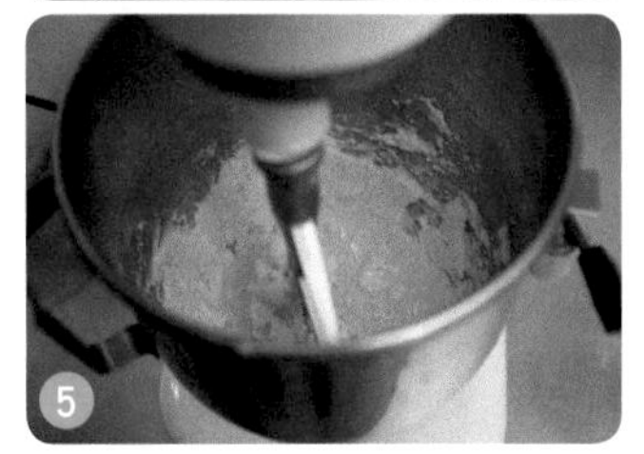

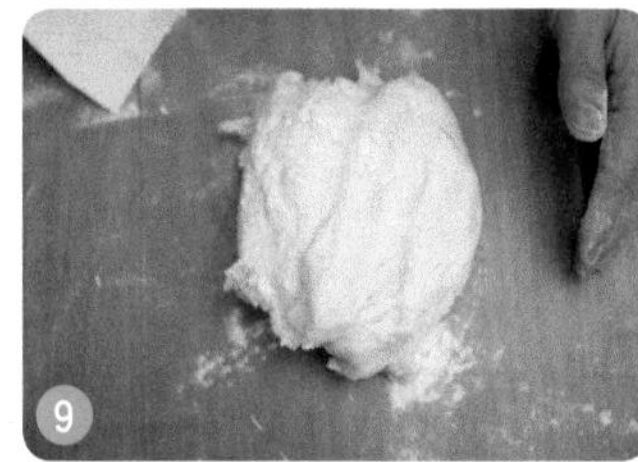

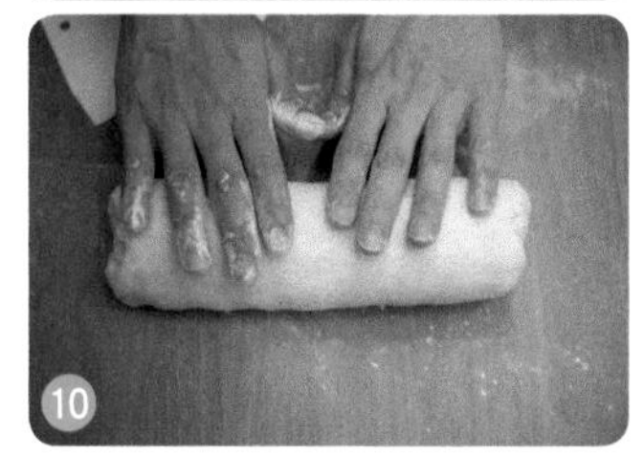

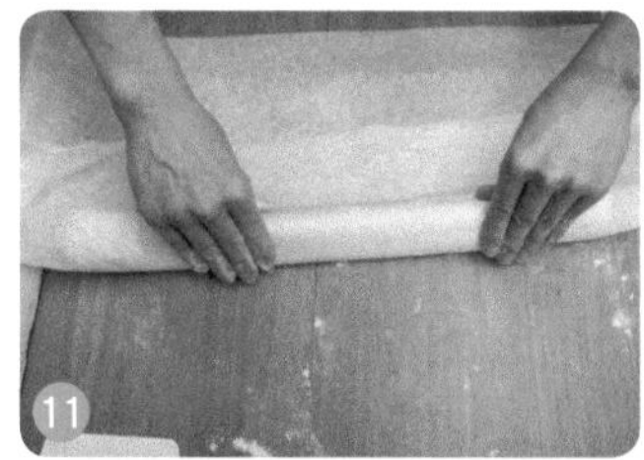

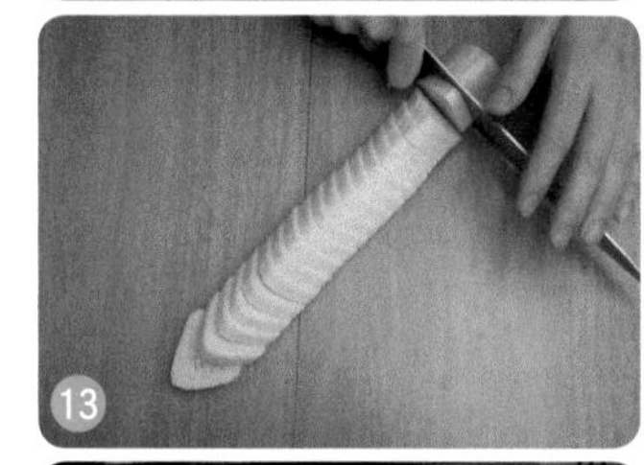

1. 先將奶油、砂糖、鹽以及香草莢攪拌打發。(圖1～4)
2. 再加入蛋白攪拌均勻。(圖5、6)
3. 最後加入過篩低筋麵粉攪拌均勻。(圖7、8)
4. 整形(圖9～12),冷藏一個晚上備用。
5. 將冷藏一個晚上的麵糰切片,排入烤盤。(圖13、14)
6. 以上火 170℃ / 下火 160℃烤約 25～30 分鐘。(圖15)

雪球餅乾

造型小巧精緻雪球餅乾，表面覆蓋著薄薄的糖粉，
吃起來香甜酥脆，是個相當討喜的小餅乾。

材料 & 作法

餅乾

材料	份量	材料	份量	材料	份量
可可芭瑞可可粉	35g	總統無鹽奶油	80g	坦尚尼亞75%巧克力	150g
砂糖	150g	全蛋	155g	低筋麵粉	230g
鹽	1g				

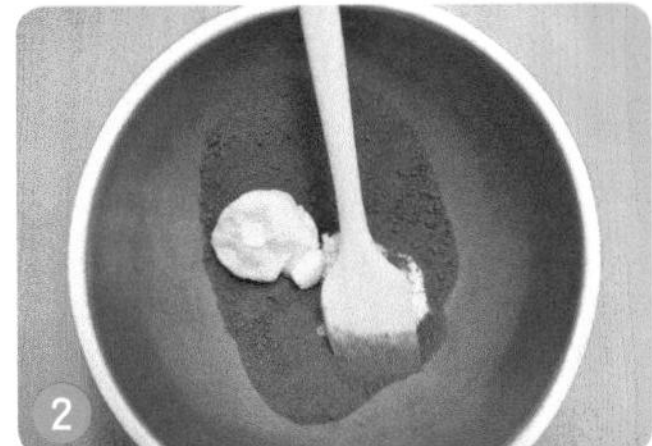

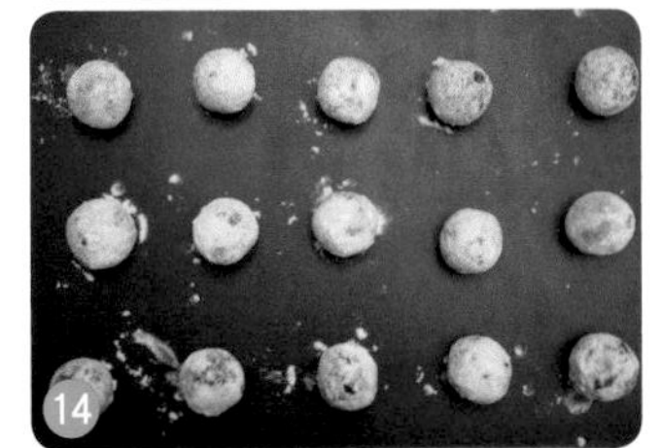

1. 先將過篩的可可芭瑞可可粉和砂糖、鹽拌勻。(圖 1)
2. 加入室溫軟化的奶油拌勻。(圖 2、3)
3. 加入全蛋拌勻。(圖4、5)
4. 巧克力隔水融化拌勻(圖 6、7),加入步驟 3 中拌勻(圖 8、9)。
5. 最後加入過篩的麵粉拌勻。(圖 10、11)
6. 放冰箱冷藏靜置約 2 小時。
7. 取出分割每個 25g 的麵糰,整形成圓球狀,表面沾滾一層糖粉。(圖 12、13)
8. 以上火 170℃ / 下火 160℃ 烤約 25 ~ 30 分鐘。(圖 14、15)

巧克力核桃餅乾

用新鮮核桃打成的堅果粉製作的鬆酥餅乾，
濃濃的堅果氣息是最值得回味的地方。

材料 & 作法

餅乾

低筋麵粉	200g	核桃粉	150g	總統無鹽奶油	250g
糖粉	250g	鹽	4g	杏仁粉	100g
日本太白粉	50g	可可芭瑞可可粉	50g	裝飾—粗海鹽粒	適量

1. 先將過篩後的可可芭瑞可可粉、糖粉、鹽及奶油攪拌均勻。（圖 1、2）
2. 再加入其餘過篩的粉類攪拌均勻。（圖 3、4）
3. 擀開成 0.3 ～ 0.5 公分厚的薄片。（圖 5、6）
4. 用圓模壓出圓片（約 45 片）。（圖 7、8）
5. 排盤烤焙，餅乾上面用粗海鹽粒裝飾。（圖 9、10）
6. 以上火 160℃ / 下火 160℃ 烤約 40 分鐘。（圖 11、12）

辣椒餅乾

幾年前筆者在全台各地教導烘焙課程時，接觸到一個由在地食材計畫所開發出來的配方——利用當地名產剝皮辣椒來製作點心，這款辣椒餅乾獨特的風味，往往讓人感到新奇與驚艷，不知不覺一片接著一片呢！

材料 & 作法

餅乾

材料	份量	材料	份量	材料	份量
剝皮辣椒	140g	砂糖	160g	低筋麵粉	460g
甜紅椒	60g	鹽	2g	紅椒粉	5g
總統無鹽奶油	340g	全蛋	100g		

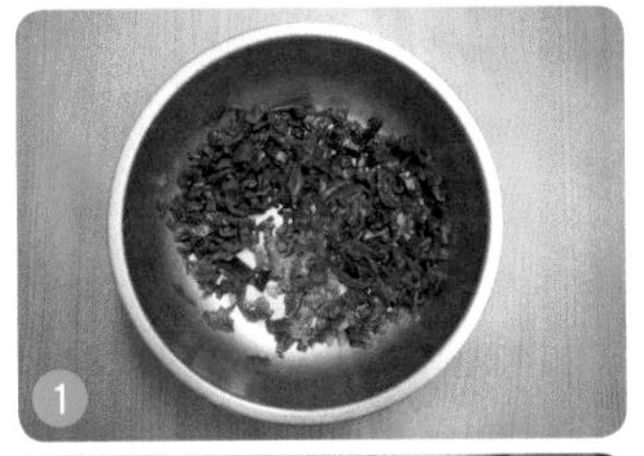
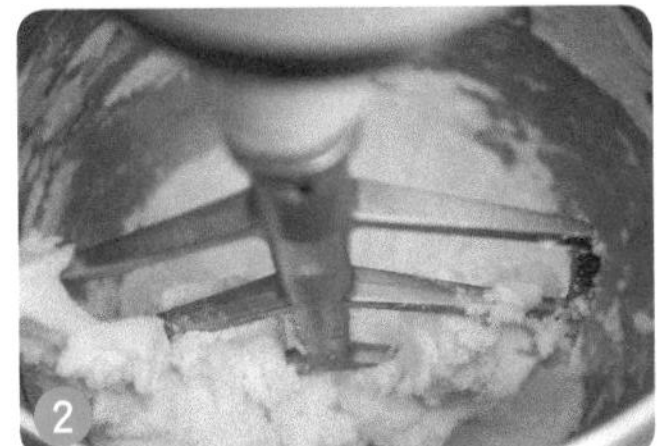

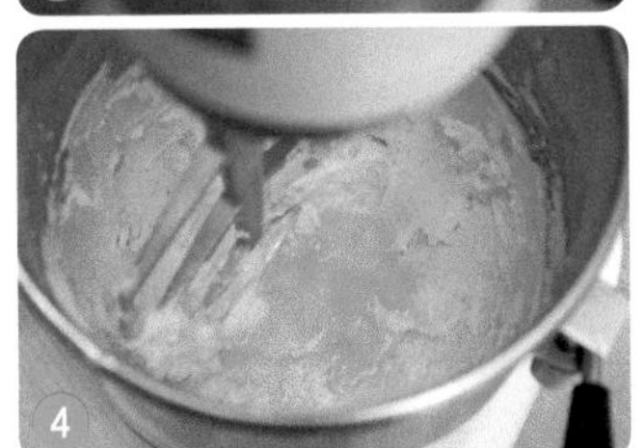

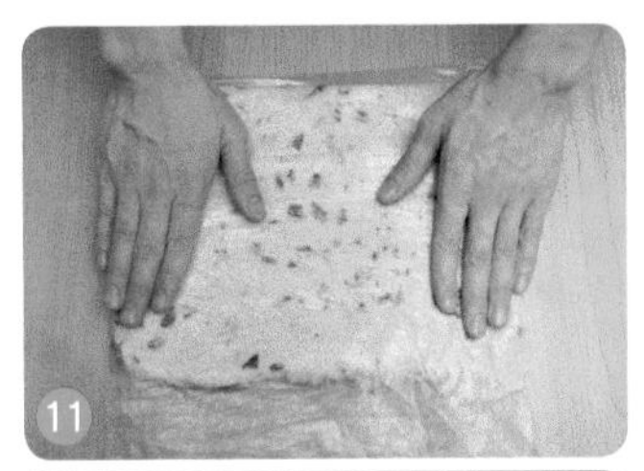

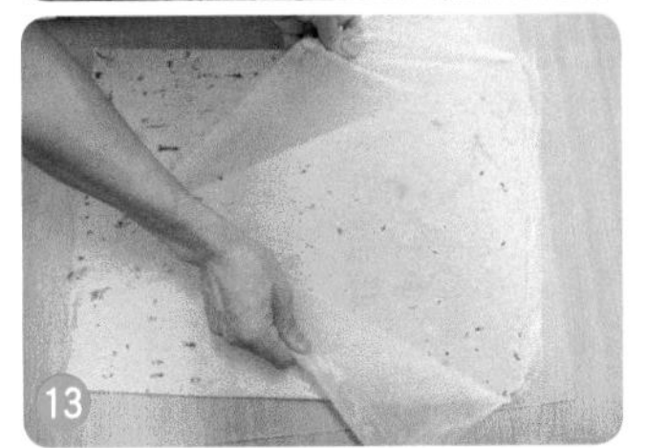

1. 將剝皮辣椒、甜紅椒（略炒去生）切碎備用。（圖 1）
2. 將奶油、砂糖、鹽攪拌至反白。（圖 2、3）
3. 加入全蛋拌勻。(圖4、5)
4. 加入紅椒粉及過篩的低筋麵粉拌勻。（圖 6）
5. 最後加入步驟 1 拌勻。（圖 7 ～ 10）
6. 將麵糰放入 3 斤袋內，擀壓至厚度約 0.3 公分左右。（圖 11、12）
7. 冷凍 2 小時硬化後，切成約 3x7 公分的長方形片。（圖 13、14）
8. 以上火 180℃ / 下火 170℃ 烤約 22 分鐘。（圖 15）

栗子大黃阿巴斯塔

這款餅乾的特殊之處，在於使用了歐洲特有食材大黃根，酥脆的餅乾內，包覆著杏仁餡的濃郁及大黃根果醬的酸甜，只有品嘗過的人，才能體會箇中美妙滋味。

材料 & 作法

塔皮

總統無鹽奶油	197g
砂糖	141g
全蛋	28g
蛋黃	22g
鹽	2g
低筋麵粉	254g
杏仁粉	94g

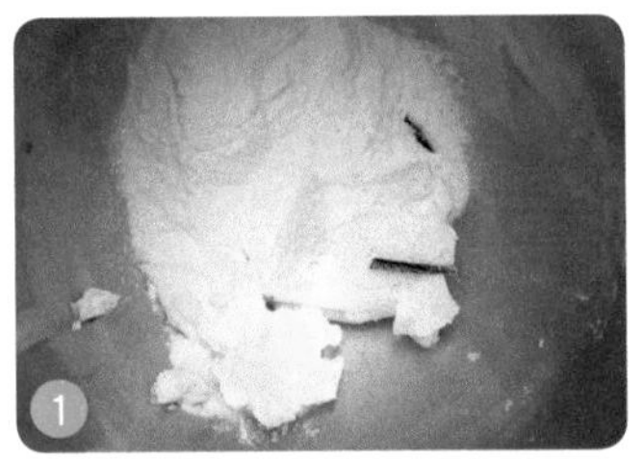

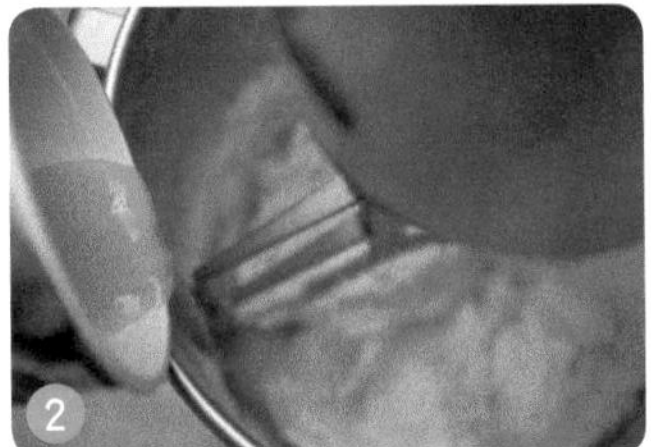

1. 先將奶油、砂糖及鹽攪拌均勻。(圖1)
2. 加入全蛋及蛋黃攪拌均勻。(圖2)
3. 加入過篩的粉類拌勻成糰。(圖3、4)
4. 整形後分割每個80g,冷藏2小時備用。(圖5)
5. 麵糰填入塔模。(圖6)
6. 塔內填入一層大黃根醬,再擠上適量杏仁餡後抹平。(圖7、8)
7. 撒上適量酥波蘿,以上火170℃/下火170℃烤約80分鐘即可。(圖9)

大黃根醬

大黃根	200g
砂糖	100g
水	100g

・所有材料一起煮到收汁備用。

杏仁餡

總統無鹽奶油	80g
杏仁粉	80g
糖粉	80g
全蛋	80g
新鮮栗子	10g

・所有材料一起拌勻備用。

酥波蘿

總統無鹽奶油	80g
二砂	80g
高筋麵粉	80g
低筋麵粉	80g

・所有材料拌勻鋪平,以上火180℃/下火180℃烤至上色即可。

葛蕾派

這款餅乾是筆者在飯店擔任主廚時期所研發的甜點，那時飯店需要一款常備的客房點心，但因人力不足無法專門提供客房需求，而下午茶點心又因成本考量不適合客房使用，於是研發這款可快速大量製作，好吃又耐儲存的甜點，當時也頗獲佳評喔！

材料 & 作法

派皮

總統無鹽奶油	230g	鹽	7g	冰水	160g
砂糖	10g	低筋麵粉	380g		

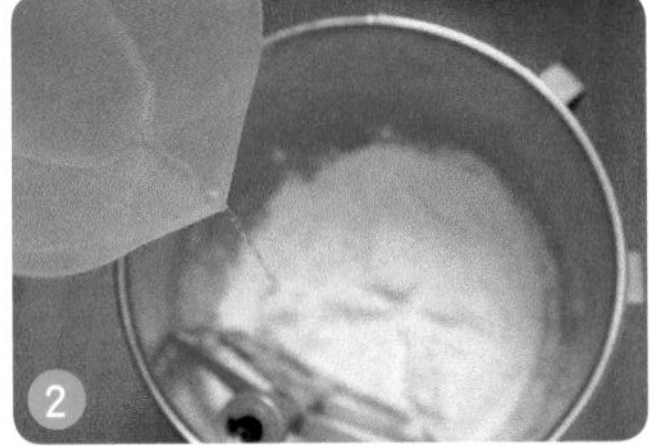

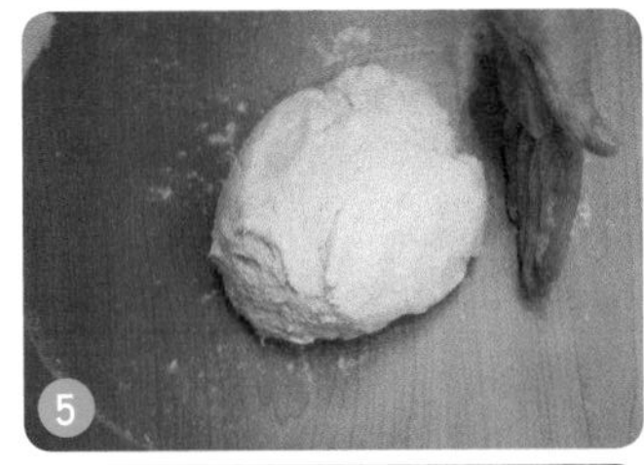

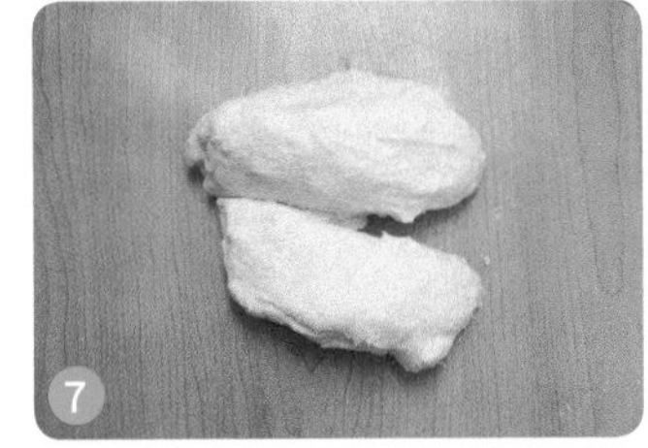

1. 所有材料攪拌均勻。（圖1～3）
2. 整形後，分割麵糰每個80g，冷藏約2小時備用。（圖4～8）

材料 & 作法

杏仁餡

總統無鹽奶油	100g
砂糖	90g
鹽	1g
全蛋	100g
杏仁粉	85g
低筋麵粉	30g
蘭姆酒	10g
綜合莓果粒	300g

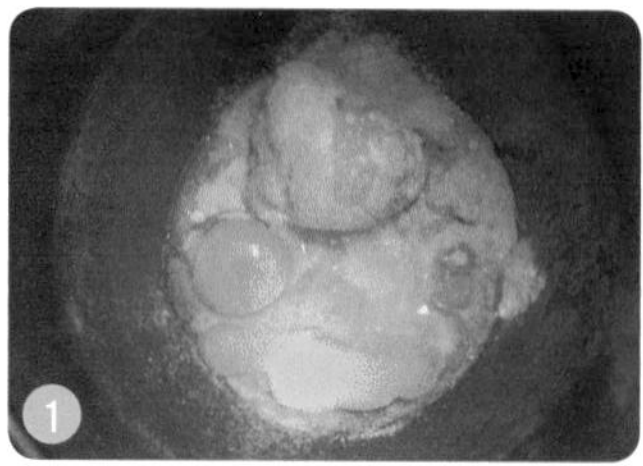

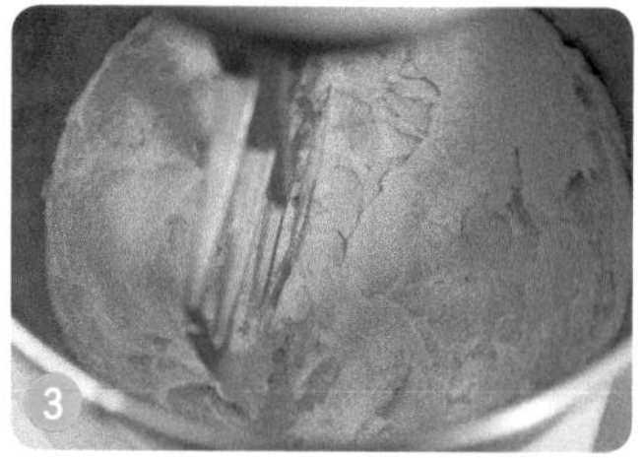

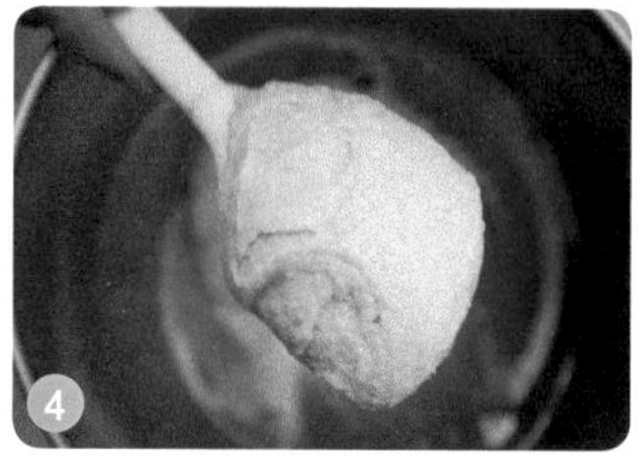

・所有材料拌勻備用。（圖 1～4）

酥波蘿

總統無鹽奶油	200g
二砂	200g
高筋麵粉	200g
低筋麵粉	200g

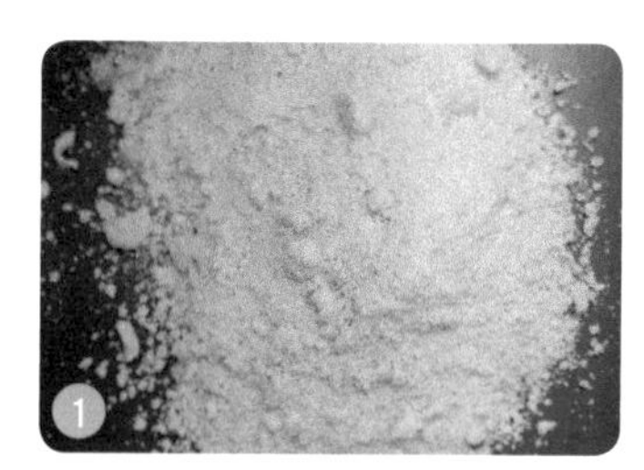

1. 所有材料拌勻。（圖 1）
2. 鋪平在烤盤上，以上火 180℃ / 下火 180℃烤至上色即可。（圖 2）

組合

綜合莓果	適量
蛋黃液	適量

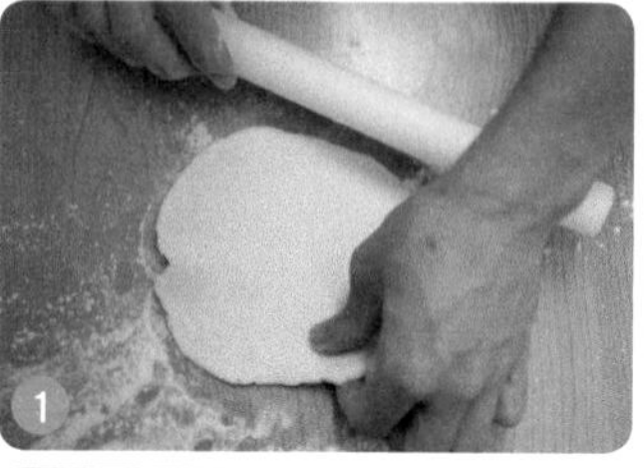

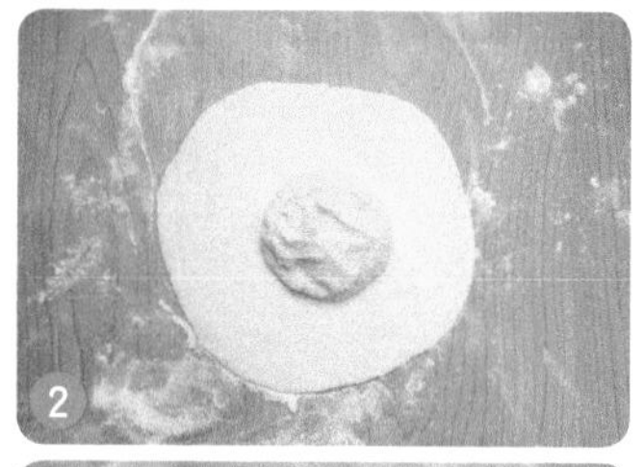

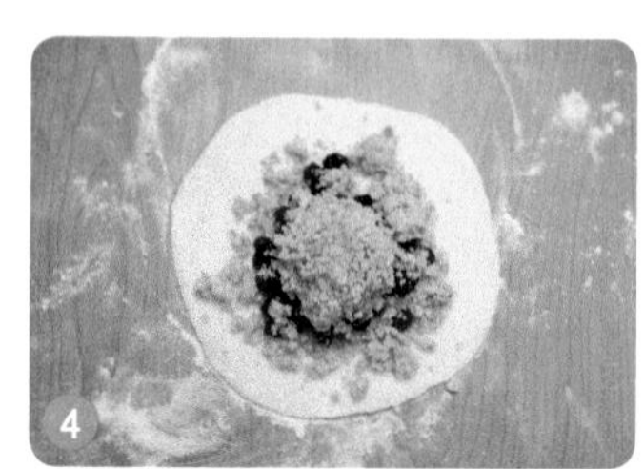

1. 將塔皮擀平，抹上適量杏仁餡、放上適量綜合莓果。（圖 1～3）
2. 再撒上酥波蘿，整形後刷上蛋黃液，以上火 170℃ / 下火 170℃，烤約 60 分鐘即可。（圖 4～6）

Baking 12

職人手作點心

原麥森林主廚精選！
擄獲舌尖的 48 道無添加美味甜點

國家圖書館出版品預行編目 (CIP) 資料
職人手作點心：原麥森林主廚精選！擄獲舌尖的 48 道無添加美味甜點 / 邱弘裕著 . -- 一版 . -- 新北市：優品文化事業有限公司, 2022.10 160 面；19X26 公分 . -- (Baking；12)
ISBN 978-986-5481-32-2 (平裝)
1.CST: 點心食譜
427.16 111014821

作　者　邱弘裕
總 編 輯　薛永年
美術總監　馬慧琪
文字編輯　胡琡珮
攝　影　王隼人、廖勇逸
出 版 者　優品文化事業有限公司
電話：(02)8521-2523
傳真：(02)8521-6206
Email：8521service@gmail.com
（如有任何疑問請聯絡此信箱洽詢）
網站：www.8521book.com.tw
印　刷　鴻嘉彩藝印刷股份有限公司
業務副總　林啟瑞 0988-558-575
總 經 銷　大和書報圖書股份有限公司
新北市新莊區五工五路 2 號
電話：(02)8990-2588
傳真：(02)2299-7900
網路書店　www.books.com.tw 博客來網路書店
出版日期　2022 年 10 月
定　價　350 元

上優好書網　LINE 官方帳號　Facebook 粉絲專頁　YouTube 頻道

（黏貼處）

職人手作點心

讀者回函

♥ 為了以更好的面貌再次與您相遇，期盼您說出真實的想法，給我們寶貴意見 ♥

姓名：	性別：□ 男　□ 女	年齡：　　　　歲
聯絡電話：（日）	（夜）	
Email：		
通訊地址：□□□-□□		
學歷：□ 國中以下　□ 高中　□ 專科　□ 大學　□ 研究所　□ 研究所以上		
職稱：□ 學生　□ 家庭主婦　□ 職員　□ 中高階主管　□ 經營者　□ 其他：		

● 購買本書的原因是？

□ 興趣使然　□ 工作需求　□ 排版設計很棒　□ 主題吸引　□ 喜歡作者　□ 喜歡出版社
□ 活動折扣　□ 親友推薦　□ 送禮　□ 其他：________________

● 就食譜叢書來說，您喜歡什麼樣的主題呢？

□ 中餐烹調　□ 西餐烹調　□ 日韓料理　□ 異國料理　□ 中式點心　□ 西式點心　□ 麵包
□ 健康飲食　□ 甜點裝飾技巧　□ 冰品　□ 咖啡　□ 茶　□ 創業資訊　□ 其他：________

● 就食譜叢書來說，您比較在意什麼？

□ 健康趨勢　□ 好不好吃　□ 作法簡單　□ 取材方便　□ 原理解析　□ 其他：__________

● 會吸引你購買食譜書的原因有？

□ 作者　□ 出版社　□ 實用性高　□ 口碑推薦　□ 排版設計精美　□ 其他：__________

● 跟我們說說話吧～想說什麼都可以哦！

寄件人 地址：

姓名：

廣 告 回 信
免 貼 郵 票
三 重 郵 局 登 記 證
三重廣字第0751號

平 信

24253 新北市新莊區化成路 293 巷 32 號

上優文化事業有限公司　收
(優品)

職人手作點心　讀者回函

(請沿此虛線對折寄回)

優品文化事業有限公司
電話 : (02)8521-2523
傳真 : (02)8521-6206
信箱 : 8521service @ gmail.com